照明艺术与科学

照明设计基础

周 波 林湧金 编著

LIGHTING DESIGN

Art and Science

Foundation of Lighting

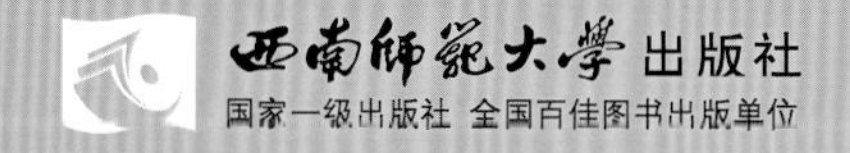

图书在版编目（CIP）数据

照明设计基础 / 周波，林湧金编著．— 重庆：西南师范大学出版社，2019.5

ISBN 978-7-5621-7572-8

Ⅰ．①照… Ⅱ．①周… ②林… Ⅲ．①照明设计－基本知识 Ⅳ．① TU113.6

中国版本图书馆 CIP 数据核字（2015）第 183575 号

照明艺术与科学

照明设计基础

ZHAOMING SHEJI JICHU

周　波　林湧金　编著

责任编辑：王　煤　徐庆兰

装帧设计：重庆三驾马车文化创意设计有限公司

出版发行：西南师范大学出版社

地址：重庆市北碚区天生路2号

邮编：400715

网址：www.xscbs.com

制　　版：重庆海阔特数码分色彩印有限公司

印　　刷：重庆康豪彩印有限公司

幅面尺寸：200 mm × 270 mm

印　　张：7.5

字　　数：200千字

版　　次：2019年5月 第1版

印　　次：2019年5月 第1次印刷

书　　号：ISBN 978-7-5621-7572-8

定　　价：49.00元

序
Preface

照明技术是人类社会文明发展史上不可缺少的一部分。人类发现火的使用以来，从远古洞穴的篝火和火把，到现代社会多种多样的照明方式，人类对照明光源的探索和使用有了巨大的进步和变化。发现照明原理和创造照明工具与方法使人类告别了依靠自然照明为主的日出而作、日落而息的简单生活，人类可以夜以继日、超越自然昼夜的限制，不断地开创新的生活方式和审美理念。

人类最初对照明观念的认识和实际应用仅仅局限于以此改善人类的生存状态，满足自我生存的需求，扩大自身可视的时间和空间。现代社会，随着人类可视性时间和空间的改变和扩大，以及科学技术的不断发展，人类对照明的理念也在不断进步和变化，对照明光源、设备和技法的要求也变得更加丰富多样。照明不仅是一门技术，而且是一门艺术，是技术发展和艺术精神的综合表现方式。无论是中国元宵节的张灯结彩，还是西方圣诞节的火树银花，处处体现着照明的技术应用与特定的艺术文化精神之间的关联。

人类物质和文化生活的历史、现实和未来都离不开照明技术和艺术。在提倡发展生态文明的今天，我们的照明理念和技术也不断受到新的挑战，比如照明技术上强化节能和推行类似LED技术的普及等。如何使未来的照明技术更具有反映生态文明和环境保护的技术和艺术特征，是需要我们所有照明设计师共同关心的问题。

为促进我国照明技术和艺术的发展，我们需要不断从理论和实践方面对其进行总结和探讨。我国高等院校也应该更多地肩负起为社会培养这方面合格人员的责任，以适应社会发展的需要。高等院校有必要设置更多的照明灯光设计专业，同时也需要规划和编写一系列与此相关的专业基础知识教材，并能结合相关案例对此进行探讨和研究。

由我院教师周波牵头编写的“照明艺术与科学”丛书正是以此为目标的尝试。本丛书共有四册，分别为《照明设计基础》《室内空间照明设计》《建筑照明设计》《灯具造型设计》。丛书关注艺术与科学的结合，并引用大量优秀的设计案例，对其进行描述和分析，使读者能够结合实际情况学习，有的放矢，增进和加深对照明设计发展现状的认识和了解。

没有照明，我们从生活到艺术都将永远停留在黑暗之中。

四川美术学院　郝大鹏

前言
Forword

照明具有非常悠久的历史，而照明设计却是一个崭新的行业。科学若要进步和发展，离不开三个重要因素：一是总结前人经验，二是借鉴当今中外先进技术，三是不断培养造就人才。本书集此三要素，积累和吸取了中外照明的多种知识成果，为我国高校培养照明设计专业人员提供了一本专业基础教材。

在编写本教材的过程中，我们参考和梳理了大量相关方面的知识和案例，着重于照明的技术和艺术两个方面的介绍。作为一种新的合作尝试，我们邀请了从事照明设计专业工作的职业设计师和在艺术院校任教的专职教师共同参与本书的编写工作，使得本书具有了丰富的实践经验和大量知识信息。我相信这样合作的结果会更加有利于该专业的学习和引导，使教学能更好地契合照明技术的现状和未来发展。

本书着重于照明设计基础知识的介绍，尽管其中涉及其他专业的知识也相当多。我们主要从两方面来介绍照明知识：技术基础方面主要是针对初步接触和学习照明设计的读者，而照明艺术方面则是面向更广阔的照明应用和创造光空间的领域。

持此书付梓之时，编者感谢为本书提供资料、咨询和支持的众多专家和学者。在未来的教学与研究中，希望大家能够继续给予启迪和帮助，以共同建立、推进和完善培养我国照明人才的大业。编者要特别感谢参与编著和提供帮助的如下团队及个人(排名不分先后)：索氏照明设计事务所(索斌、索勇)、谱迪设计（林湧金、梁晓焱、江一、林亮光、周炳炎）、四川美术学院（王玉龙）、Guzzini（刘志恒）等。

没有集体的智慧和参与就不会有本书的问世。执笔分工：林湧金（第一章），梁晓焱（第二章），周波（第三章），周炳炎、刘志恒（第四章），林湧金（第五章），江一（第六章），林湧金、周波（第七章），周波、梁晓焱（第八章）。

周　波

目录
Contents

1

第 1 章
Chapter 1

光 源
Light Source

01

光源的介绍

光源是指发光的启动装置，这是通常的电气光源的定义。

尽管部分光源如蜡烛、火柴及煤油灯等，仍属于光源的一部分，但更多形容光源的词语，如灯（或灯泡）、光源等，这些一般都指人造电光源。由人造电光源组合构成的夜景给生活在城市中的人们美好的视觉盛宴。（图 1–1 ~图 1–5）

图 1–1

由人工堆积成的火堆为人们的户外活动提供照明及安全保护。

图 1–2

对酒精或煤油燃烧使用的器材进行精心的设计加工，并与室内空间结合，会产生特别的效果，保证了一定的照明和热量的供应。

图 1–3

经过设计师或艺术工匠精心打造的钨丝灯泡。

图 1–4

由玻璃和灯泡组成错落的艺术装饰灯，在提供照明的同时，也起到良好的装饰效果。

图 1–5

蜡烛光配合安全美观的玻璃灯箱，产生柔和、温暖、舒适的光效果，同时结合嵌入式天花板下照灯，营造良好的灯光氛围，常常被用于给顾客提供更好的休闲环境——酒店、会所等场所。

图 1–1

图 1–2

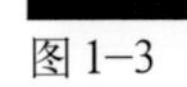

图 1–3

图 1–4

图 1–5

02

光源的历史及发展

自从有人类历史以来，人类就一直对人工光源进行探索发现。到目前为止，人类仍未停止研究发明的步伐。从人类发现并使用钻木取火，到使用火柴、火器，再到使用煤油灯，是光源的初步发展阶段。

促进工业发展及现代化的电气发展史

1854 年，约翰·海里因希·戈贝尔 (Johann Heinrich Goebel) 利用气体放电产生光。

1879 年，发明家托马斯·阿尔瓦·爱迪生 (Thomas Alva Edison) 发明碳丝灯泡，使用真空玻璃。

1882 年，开始卤钨化学笔循环降低灯泡发黑的研究。1959 年，第一个商业实用型卤钨灯开发成功。

1882 年，德国西门子首先开始生产灯泡。

1883 年，爱迪生与斯旺合组公司为 Ediswan。

1891 年，荷兰飞利浦公司成立，主要生产白炽灯泡。

1901 年，库柏·休伊特 (Cooper Hewitt) 研发低压水银电灯。

1910 年，乔治·克劳德 (Georage Claude) 研发霓虹管 (Neon tube)。

1932 年，安德烈·克劳德 (Andre Claude) 发明荧光灯，1934 年至 1935 年，首批实验荧光灯在美国 GE(通用电气公司) 和德国欧司朗公司生产制造。

1940 年，普通型荧光灯泡迅速普及。

1961 年，美国公司德州仪器的罗比特·比亚尔 (Robert Biard) 与加里·皮特曼 (Gary Pittman) 首次发现了砷化镓及其他半导体合金的红外放射作用。

1962 年，通用电气公司的尼克·何伦亚克 (Nick Holonyak Jr.) 开发出第一种可实际应用的可见光，并制成发光二极管。

1964 年，发明金属卤化物灯 (Metal Halide Lamp)、高压钠灯 (High Pressure Sodium)，各大公司相继推出，此类灯得到迅速的发展和应用。

1980 年，飞利浦公司推出紧凑型荧光灯 (Compact Fluorescent Lamp)。

1993 年，在日本日亚化学工业中工作的中村修二 (Shuji Nakamura) 成功把镁掺入，创造出了基于宽能隙半导体材料氮化镓和氮化铟镓、具有商业应用价值的蓝光发光二极管。

有了蓝光发光二极管后，白光发光二极管也随即面世，之后 LED 便朝着增加光度的方向发展。当时，一般的 LED 工作功率都小于 30 mW ~ 60 mW。1999 年，输入功率达 1 W 的发光二极管商品化。这些发光二极管都以特大的半导体芯片来处理高电能输入的问题，而半导体芯片都是被固定在金属片上，以助散热。

2002 年，市场上开始有 5 W 的发光二极管出现，而其效率大约是 18 lm/W ~ 22 lm/W。

2003 年 9 月，科锐公司展示了其新款的蓝光发光二极管，在 20 mA 下效率达 35%。他们亦制造了一款效率高达 65 lm/W 的白光发光二极管，这是当时市场上最亮的白光发光二极管。2005 年他们展示了一款白光发光二极管，在 350 mA 下创下了 70 lm/W 的纪录性效率。

2009 年 2 月，日本发光二极管厂商日亚化工发明了效率高达 249 lm/W (此乃实验室数据) 的发光二极管。

2010 年 2 月，Philips Lumileds 发明了一个白色的 LED，在受控的实验室环境内，以标准测试条件及 350 mA 电流推动下得出 208 lm/W 的效率，但由于该公司没有透露当时的偏置电压，所以未能得知其功率。

2012 年 4 月，科锐公司推出 254 lm/W 光效。

03

主要的光源类型

光源的类型

一、热辐射	**Thermal Radiation**
白炽灯 卤钨灯	Incandescent Lamp Halogen Tungsten Lamp
二、气体放电灯	**Gas Discharge Lamp**
荧光灯 冷阴极管 高强气体放电灯	Fluorscent Lamp Cold-Cathode Tube High Intensity Discharge Lamp
三、电致发光	**Electroluminescence**
发光二极管	Light-Emitting Diode（LED）

整个人造光源（图 1–6、图 1–7）的发展过程，主要是研究光源发光效率的改进。灯泡技术的改善主要追求以下三个目标：追求更佳的发光效率，更为真实的光色，更长时间的寿命。

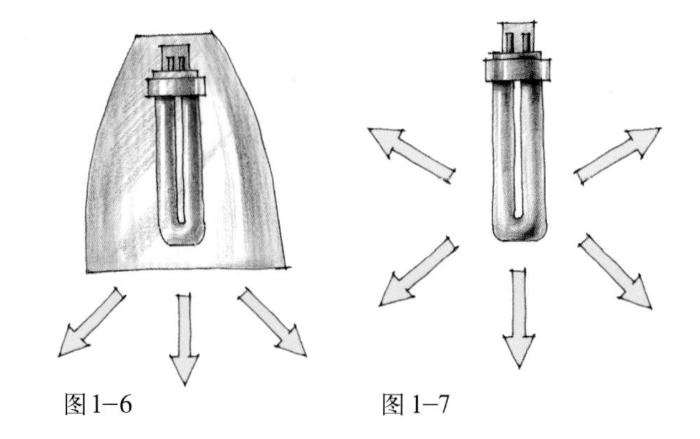

图 1–6　　图 1–7

04

光源的主要术语

如何更好地了解和使用光源？从灯光设计专业上讲，选择适当光源，必须考虑光源的光色、光效、寿命、后期维护等因素，还要结合其他配件，如电器、反射器的情况（在其他章节会另外说明）综合考虑。一些相关的内容请查看第六章中的“照明语言”。

功率

这里的功率是指电功率，即表示物体做功快慢的物理量。电功率计算公式 $P=w/t$。P 表示功率，单位是“瓦特”，简称“瓦”，用 W 表示；w 表示功，单位是“焦耳”，简称“焦”，用 J 表示；时间是“t”，单位“秒”，用 s 表示。我们常见的功率单位是千瓦（kW），1 kW = 1000 W，用 1 秒做完 1000 焦耳的功，其功率就是 1 kW。

电压

电压（Voltage），也称作电势差，是衡量单位电荷在静电场中由于电势不同所产生的能量差的物理量。电压的国际单位制为伏特(V)，常用单位还有千伏(kV)、毫伏（mV）、微伏（μV）等。如果电压的大小及方向都不随时间变化，则称之为稳恒电压或恒定电压，简称“直流电压”，用大写字母 U 表示。如果电压的大小及方向随时间变化，则称为变动电压。对电路分析来说，一种最为重要的变动电压是正弦交流电压（简称“交流电压”），其大小及方向均随时间按正弦规律做周期性变化。交流电压的瞬时值要用小写字母 u 或 $u(t)$ 表示。在电路中提供电压的装置是电源。

光通量、光强度

光通量（Luminous flux）是一种表示光的功率的单位，国际单位为流明（lm），指单位时间内光源所发出的光能。光强度或发光强度（Luminous intensity），是指光源所发出的在给定方向上单位立体角内的光通量，用大写字母 U 表示。

光色及光谱

光色由光源所发出的可见光的光谱组成决定其颜色，以色温表示。色温是表示光源光谱质量最通用的指标。光源的色温是通过对比它的色彩和理论的热黑体辐射体来确定的。热黑体辐射体与光源的色彩相匹配时的开尔文温度就是那个光源的色温，单位为开尔文（K）。其单位是以发明者——爱尔兰第一代开尔文男爵（Lord Kelvin）的头衔命名的。

通常，色温小于 3300 K 的称为暖光，3300 K ~ 5300 K 的称为自然白光或暖白光，大于 5300 K 的称为冷白光。（图 1–8）

光谱是依据光的波长（或频率）大小顺次排列形成的图案。光谱中最大的一部分可见光谱是电磁波谱中人眼可见的一部分，在这个波长范围内的电磁辐射被称作可见光。（图 1–9 ~ 图 1–11）

光色	色温（K）
暖光	< 3300 K
暖白光	3300 K~5300 K
冷白光	> 5300 K

图 1–8

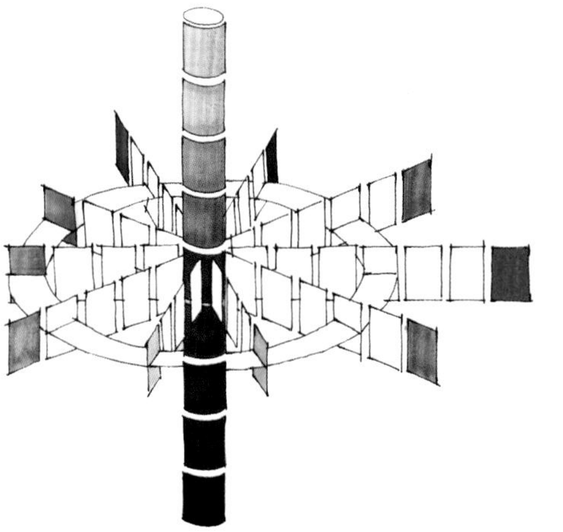

图 1–9　CIE 系统

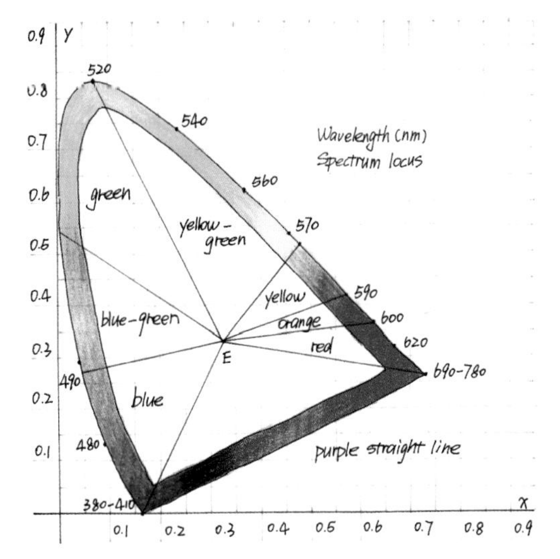

图 1–10　孟塞尔系统

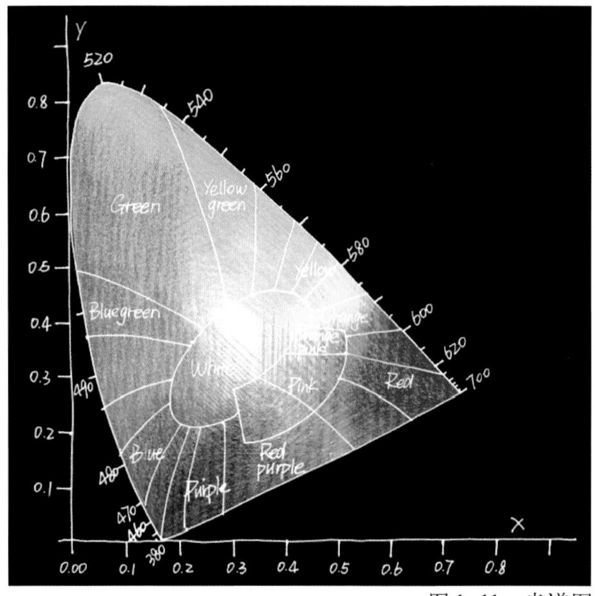

图 1–11　光谱图

色温常见应用及例子（图 1–12 ~图 1–15）

图 1–12　冷白光

图 1–13　暖白光

图 1–14　暖光

Cool 冷酷 Modern 现代 Commerce 商业	Winter 冬天 7000 K ~ 7500 K Sunlight 日光 6000 K	White 自然白光 4300 K ~ 5000 K	Morning sunshine 早晨阳光 4000 K	Warm 暖光 3000 K	Candle 蜡烛 1800 K	Warm 温暖 Classical 古典 Elegant 高雅

图 1–15

显色指数（显色性）

显色指数（Color Rendering Index,CRI）是指光源平均对可见色彩的显色指数提供对比的参考值。

发光效率

发光效率（Luminous Efficiency）和 CIE（国际照明委员会）规定显色指数分为特殊显色指数（Ri）和一般显色指数（Ra）。一般是用光源发光的光通量大小与所发出光通量使用的单位电力的比值，即光源所发出的光通量除以其耗电量，用来说明该光源的发光效率，简称“光效”，单位为 lm/W（Lumens Per Watt，LPW）。

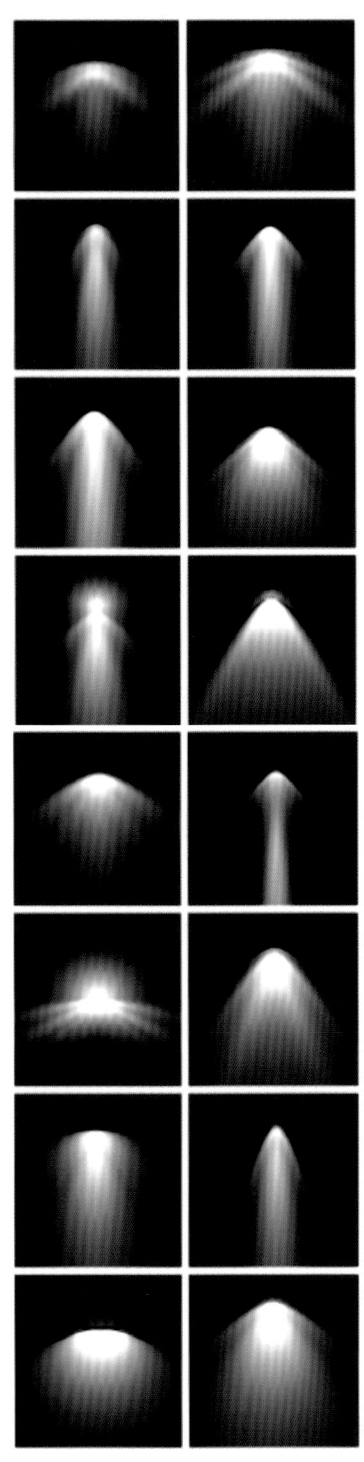
图 1–16

光源寿命

光源的使用寿命依据制造商与实际操作情况以及光源发光特性而定，通常采用的寿命说明有平均寿命和经济寿命两种。

平均寿命。灯泡的寿命依据各种特性不同，即使同种灯泡也受制造过程、材料、工艺和环境因素影响。将一定数量的灯泡在同样稳定的输入电压下同时点亮，直到 50% 的灯泡被烧坏时的总点灯时数，以小时计的平均值，被称为平均寿命。

经济寿命。部分灯泡的寿命很长，但由于长期使用，导致光输出减少、光色衰变、光效降低，造成能源使用上的不经济。所以一般在标准的场所与环境下，灯泡光通量衰减至 60% ~ 80% 时的总点灯时数被称为经济寿命。

注意，由于每个灯泡品牌厂家在使用寿命上面的测试情况不同，在照明设计和使用中，需要清楚地了解实际情况，给出合理的维护方案。

灯头规格

灯头是支持固定灯泡的灯座，并起着导电到灯泡的功能。灯头需固定好灯泡，有部分灯泡需要散热功能，好的灯头可以增加灯泡寿命，最为重要的还是其安全性，即耐热性和非可燃性。灯头规格是指灯头固定座的大小、造型、安装方式等的统一型号。由于灯泡厂家有很多，为避免过于散乱，一般灯头规格都有国际的规范。(详见附录一)

光束角

光束角 (Beam Angle) 对称于光束主轴，在两个相反方向的发光强度恰为最大值 50% 时所形成的夹角，称为该光源的光束角。(图 1–16、图 1–17)

依据国际标准，光束角的标注可分为：

超窄角 (Very Narrow Spot，VNSP) <5°

窄角 (Narrow Spot，NSP) 5° ~ 10°

中角 (Spot，SP or Narrow Flood，NFL) 10° ~ 25°

广角 (Flood，FL) 25° ~ 40°

超广角 (Wide Flood，WFL) >40°

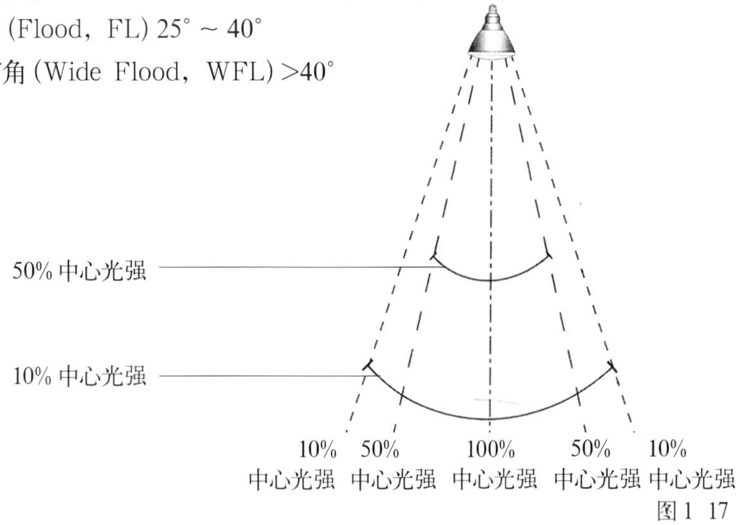

50% 中心光强

10% 中心光强

10% 中心光强　50% 中心光强　100% 中心光强　50% 中心光强　10% 中心光强

图 1–17

05

光源知识

白炽灯

1879 年，爱迪生发明了灯泡并将其推广为普通商品。在此后 100 多年的时间里，灯泡的制作材料从一根细小的碳丝发展到更有韧性的金属丝，电光源得到更快发展，新的产品不断涌现，新的原料不断应用到产品中。如今的灯泡制作更加注重电光源创新的经济与环保两方面。

白炽灯泡有不同的尺寸、形状、功率及光色可供选择。发光的原理是电流通过灯丝线圈加热灯丝至高温，产生具有连续性光谱的电磁波辐射（图 1–18）。为了提高光效，需要钨丝的温度升高以产生更多的光输出，但高温使钨丝更容易受损，致灯泡损坏，因此灯泡的工艺要求更多是在光输出与寿命之间平衡。

近年来，新的灯泡种类不断出现，如紧凑型荧光灯（节能灯）、LED 灯泡等。它们的共同特点是光效率更高、寿命更长，使得国际上白炽灯泡的使用率逐渐降低，但由于其经济投入成本较低，光色舒适性更佳，而且仍有许多灯具根据白炽灯光来设计，所以，照明设计仍需要了解白炽灯的特性与构成。

白炽灯的操作特性：白炽灯的色温与操作温度及光效成正比，即操作温度越高，光效越高，光色越白。色温在 2700 K ~ 3200 K，为暖色光源，显色指数为 90 ~ 100。其生命周期的流明衰减主要是由于钨丝蒸发变薄、电阻增加，因而所通过的电流、消耗功率、光输出及整体光效均降低。影响白炽灯寿命的因素主要是电压及调光。

电压影响：白炽灯对电压的变化较荧光灯及高强气体放电灯更为敏感，即供给电压与光源电压规格差异过大时，或电压不稳的情况，对白炽灯的影响最大。白炽灯的光输出及光效与电压成正比，而寿命与电压成反比。以普通灯泡为例，供应电压比光源规格减少 10%，使光输出减少 30%，寿命反而增加 400%。同理，电压超过规格过多时，光输出虽然增加，寿命却急剧降低。

调光特性：白炽灯系光源所需的调光器类型最简单。调光器只需利用电阻原理调节通过电流，在调暗时，电流、功率、光输出与色温均降低，光色偏黄色或橙黄色。例如，调低通过电流至 75%，光输出降为 52%，能源消耗节省 25%，寿命则增加为 1.3 倍。白炽灯可调光比例 100%。只有卤素灯种在调暗的情况下无法达到卤钨循环的必要温度，易产生黑化现象，故至少每周开至全亮数小时，有利于卤钨清洁灯壁。

普通灯泡

1. 性能

普通灯泡的光色和光效较低，它提供的是较温暖的氛围，同时其光谱具有良好的连续性，产生的显色性较高。它可以直接调光，不需要特别的设备，即电压调光。普通灯泡的缺点是相对发光效率低(9 lm/W ~ 16 lm/W)，同时寿命较短（平均 750 到 1000 小时），全方向散光，光易散失，易产生眩光。

2. 特性 (图 1–18 ~图 1–20)

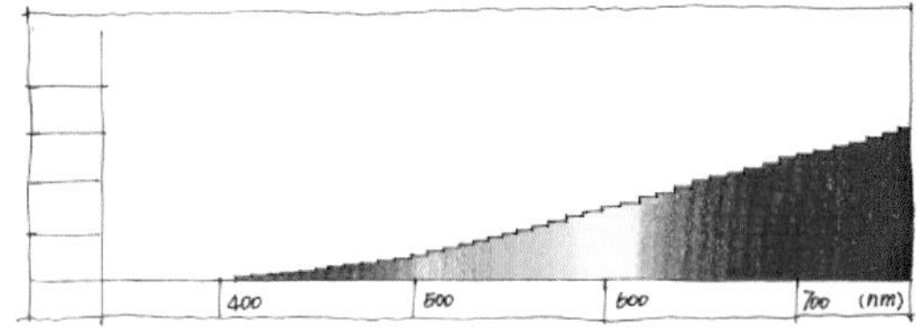

图 1–18　相对光谱分布

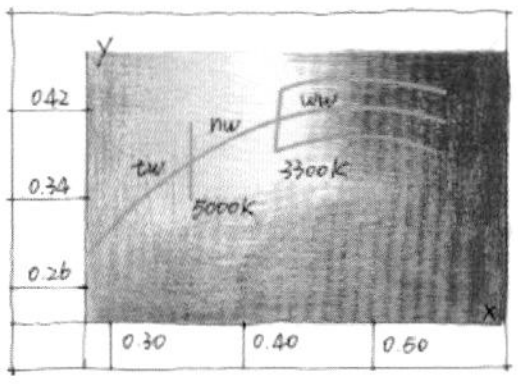

图 1–19　光色（色温）

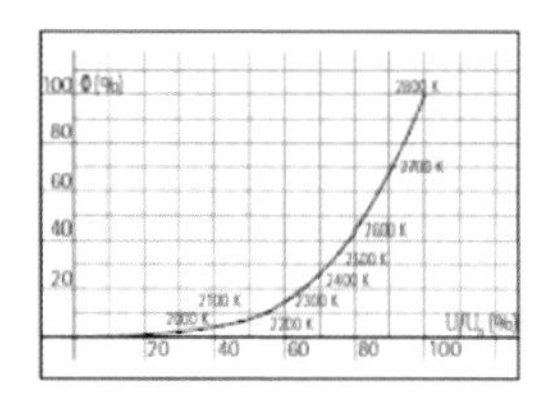
图 1–20

白炽灯的调光，相对光通量和色温在相对电压下，电压降低导致光通量下降。

3. 外观 (图 1–21)

普通灯泡一般多为球泡形式，灯壳材料为玻璃，玻璃外壳最大的安全温度为 370 ℃～ 400 ℃，采用石英玻璃制作的灯泡外壳更加耐高温。

灯泡涂层有清光透明、磨砂或是内壁涂矽化物，另外，也有彩色灯泡采用内、外涂层。内涂层表面清洁，颜色持久，外涂层表面不易清理。普通灯泡的灯头多为螺旋口或插入口两种。

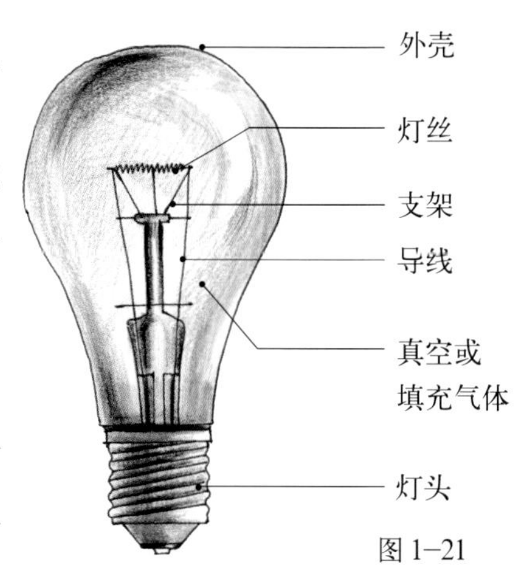

图 1–21

反射杯灯泡

1. 性能

反射杯灯泡同普通白炽灯泡一样，光色和光效较低，它提供的是较温暖的氛围，同时光谱具有良好的连续性，产生的显色性较高。灯泡可以直接调光，不需要特别的设备，即电压调光。灯泡的缺点是发光效率较低，同时寿命较短。反射杯灯泡可以由反射器利用反光的设计，将光输出集中在几个需要的光束角度，可以更好地利用光效，即光的利用率高，可用于强调和重点照明。

2. 特性 (图 1–22 ~图 1–24)

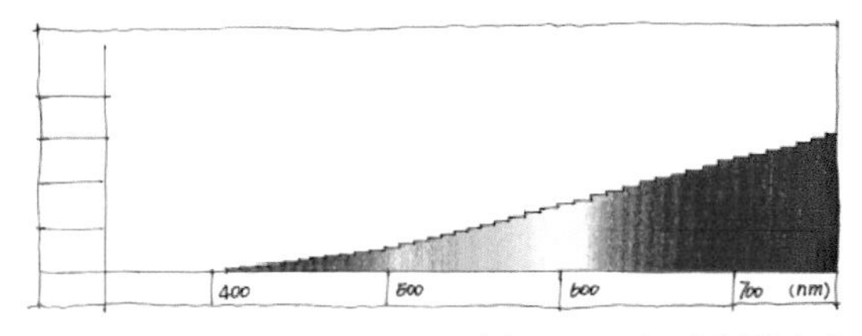

图 1–22　相对光谱分布

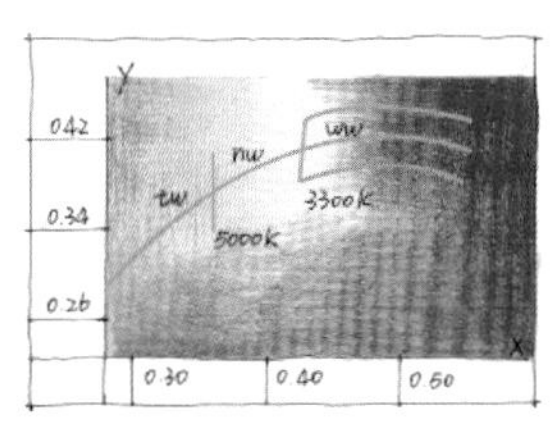

图 1–23　光色（色温）

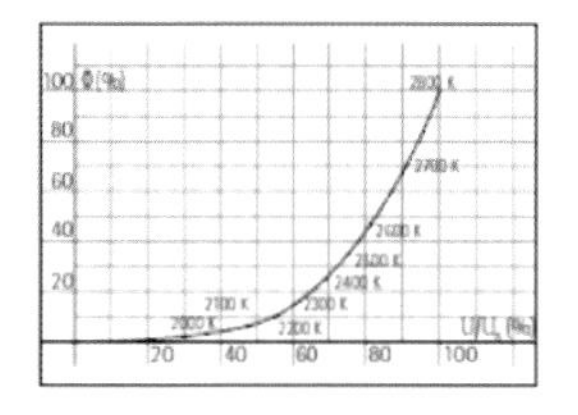
图 1–24

白炽灯的调光，相对光通量和色温在相对电压下，电压降低导致光通量下降。

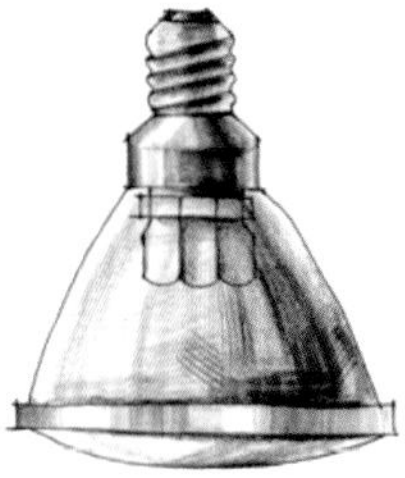

图 1–25

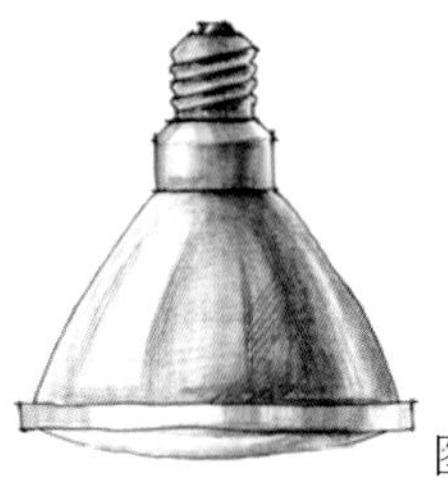
图 1–26

图 1–27

3. 外观（图 1–25 ~图 1–27）

反射杯灯泡 R 形是指椭圆或半球形反射灯泡，PAR 形是指抛物形铝反射灯泡。

反射杯灯泡面盖前端一般为磨砂玻璃或压花镜片，内壁为抛物形状或半圆形，且内壁涂有反射率较高的涂层，如银或铝，使反射光集中向外投射。

反射杯灯泡的灯头多为螺旋口或插入口两种，有各种尺寸。

卤钨灯

1. 性能

卤钨灯发出的光比传统的白炽灯偏白，它的光色范围是暖白色，显色性非常好，有连续的光谱。其形式紧凑小巧，是理想的点光源。相比白炽灯而言，卤钨灯的寿命和发光效率都较高。卤钨灯可以直接调光，并且不需要额外的设备，但低压卤素灯除外，因为它需要变压器。

2. 特性（图 1–28 ~图 1–30）

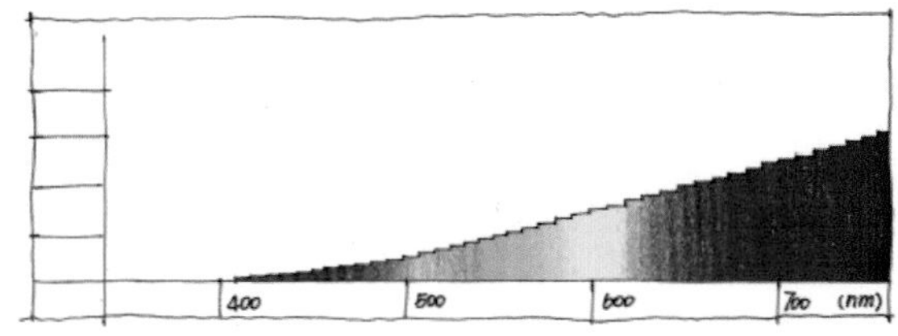

图 1–28　相对光谱分布

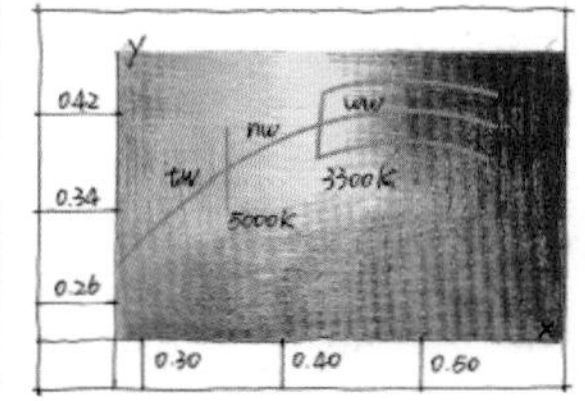

图 1–29　光色（色温）

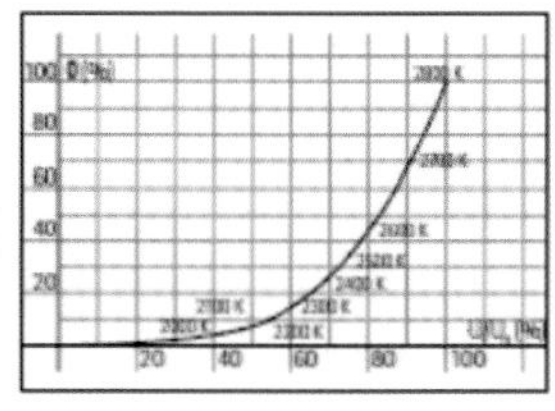

图 1–30

白炽灯的调光，相对光通量和色温在相对电压下，电压降低导致光通量下降。

3. 外观（图 1–31、图 1–32）

卤钨灯的种类较多，常用灯头有螺口、插口、双端头等。卤钨灯有常规及低压卤钨灯，一般低压是指 12 V 电压，需额外通过变压器转换电压。低压卤钨灯通常体积较小，使用起来更加方便。

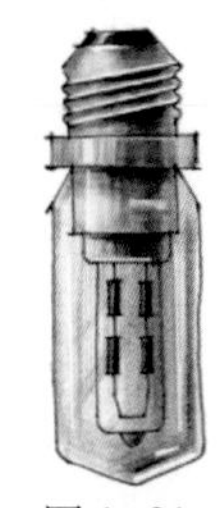

图 1–31

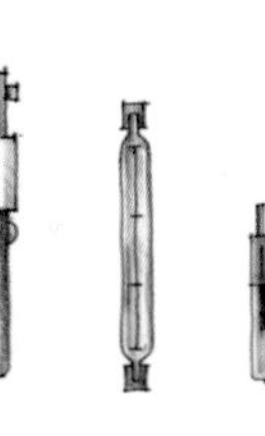

图 1–32

卤钨灯杯

1. 性能

卤钨灯杯发出的光比传统的白炽灯偏白，它的光色范围是暖白色，显色性非常好，有连续的光谱。其形式紧凑小巧，是理想的点光源。为节省灯具设计，通过卤钨灯杯自带反射器，增加光输出，可以选择光束角。它可以直接调光，不需要额外设备，当然，低压卤钨灯杯需要外置变压器。通常反射杯由石英制造，耐热性强。卤钨灯杯由于其便于使用的特征，被大量设计和应用于各种商业场所。

2. 特性（图 1–33 ~图 1–35）

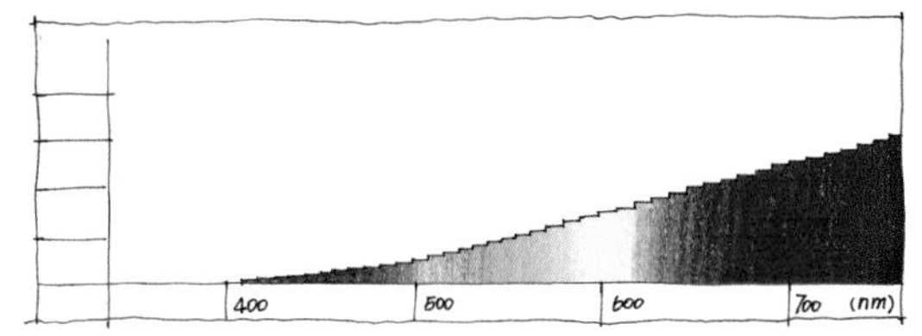

图 1–33　相对光谱分布

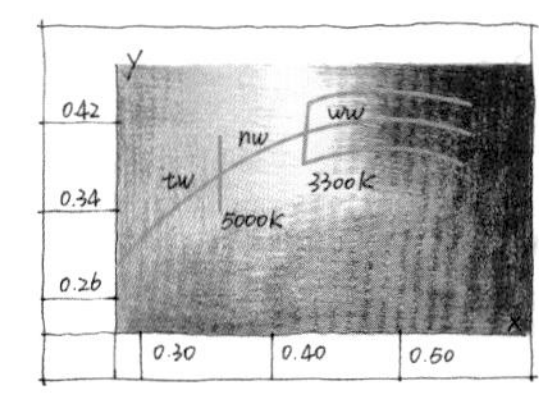

图 1–34　光色（色温）

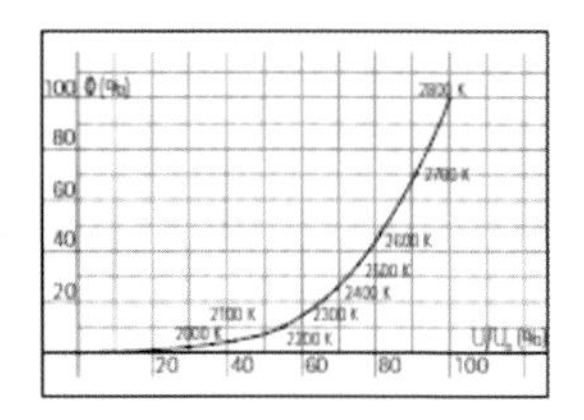

图 1–35

白炽灯的调光，相对光通量和色温在相对电压下，电压降低导致光通量下降。

3. 外观（图 1–36、图 1–37）

卤钨灯杯通常有石英灯杯及 PAR 抛物形反射灯泡两种。石英杯构件包括外壳玻璃、中央的卤钨灯芯及金属双针形灯头，体积较小，控光精确。常用的有 MR 16 与 MR 11 两种规格，灯头有 GX 5.3 及 GU 10。PAR 抛物形反射灯泡主要包括抛物形反射面与压花镜面，反射面材质为铝、银或双向性涂层。常用灯泡规格包括 PAR 30、38、56 等，灯头有 E 27、GX 16 d。

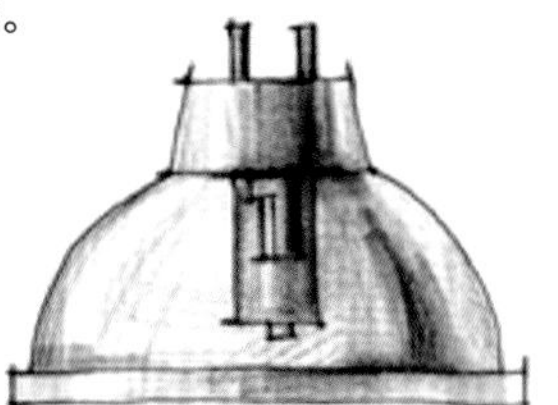

图 1–36

图 1–37

气体放电灯

气体放电灯是由气体、金属蒸气或几种气体与金属蒸气的混合放电而发光的灯，是通过气体放电将电能转换为光的一种光源。光源主要有霓虹灯、荧光灯、钠灯、金属卤化物灯、高压钠灯、高压汞灯等，这些是照明应用较多的气体放电灯。

气体放电灯一个重要的特点是具有负阻特性，因而在使用过程中需要使用镇流器来保护电路的稳定性。另一个重要特点是一般不能热启动。以金属卤化物灯为例，当灯熄灭后，需要等 5 至 20 分钟气体冷却后，才能再次正常启动。

以下主要介绍几种照明设计日常使用的光源：荧光灯、紧凑型荧光灯、冷阴极管、金属卤化物灯、高压钠灯。

荧光灯与紧凑型荧光灯常被人们亲切地称为日光灯与节能灯，是一种水银气体放电灯，内部填充水银蒸气与惰性气体，管壁内涂布荧光层。启动荧光灯时，电流通过电极使其释放电子，应用适当电压在二电极间产生电场效应，使电子在电极间来回流动，当电子撞击到灯管内体积较大的水银原子时，水银以紫外线辐射形式释放能量，管壁内涂布的荧光粉层受到紫外线的激发而发出可见光辐射。一般荧光灯所发出的辐射能量，可见光占 20% ~ 30%，其余为热。荧光灯系统发光效率高达 80 lm/W，平均寿命达 8000 到 20000 小时，光源的色温覆盖各个范围，包括暖光、暖白光、冷光及彩色光。一般荧光灯显色性为 85 左右，当荧光灯采用多带荧光粉时，荧光粉产生的多个光谱带能够覆盖整个可见光区，可使荧光灯显色性高达 95 ~ 98，这种荧光灯也可称“全光谱荧光灯”。

冷阴极管为霓虹管，由法国物理学家乔治·克劳德在 1910 年发明。原本实验的目的是要制造一般的照明用灯，却发现霓虹管明亮的红光较适用于广告牌，且克劳德发现加入其他气体可以变换光色，例如水银产生蓝光，氖产生红光，氦则为粉红光。现今荧光涂层在增加光输出的同时，可提供更多的光色选择，它既适用于广告霓虹灯，也适用于建筑户外。同时，如果在暗槽灯带照明，可以营造无暗区、无端头阴影的连续光带效果，可依设计形状、尺寸、弯折定做。

高强气体放电灯(HID) 是在较高的操作气压(1 atm～10 atm,大气压强)下利用气体放电产生大量的光。此系列主要包括水银灯、金属卤化物灯及高压钠灯，发光原理基本相同。

金属卤化物灯 (以下简称“金卤灯”) 是由金属蒸气、金属卤化物和金属卤化物分解物的混合气体的辐射产生光的一种高强气体放电灯。外泡玻璃有清玻璃、荧光涂层及铝反射涂层。金卤灯发光点较小，利于控制反射光，因此，被大量设计用于各种灯具配光设计及光源设计之中。金卤灯一般光色为 3100 K、4100 K 或 5500 K；显色性较好，平均达 70 ～ 92；有较高的光效，可达 80 lm/W ～ 125 lm/W；平均寿命达 8000 到 20000 小时。随着小型金卤灯的开发，其光效及显色性等技术指标仍在进步，是气体放电灯中的最佳者。

1966 年高压钠灯正式投入市场，原光效为 105 lm/W，寿命达 6000 小时。经过多年发展，目前标准型 400 W 高压钠灯光效达 125 lm/W，寿命超过 24000 小时，光输出量大，但高压钠辐射主要集中在钠的双黄区域，显色性低，显色指数只有 15 ～ 30。高压钠灯由于其特性，被较多地应用在道路、广场、港口码头与多烟尘场所中，以及一些对显色性无高要求的建筑厂房等。

荧光灯（日光灯）

1. 性能

荧光灯的光效是白炽灯的四倍以上，寿命比白炽灯长。一般平均寿命为 8000 到 20000 小时。现市场上灯管有多种色温供人们选择，一般有暖白光、白光、冷白光三种。尽管现今 LED 的兴起，使得荧光灯成为现今应用最多的建筑照明光源，但其管形发光是 360° 发光，属于散射的光线，较难控制光的精确光束。荧光灯的调光与白炽灯不同，它需要特别的外置设备，无法做到 100% 调光。另外，白炽灯在调暗时有偏红的光色变化，荧光灯没有。

2. 特性 (图 1–38 ～图 1–43)

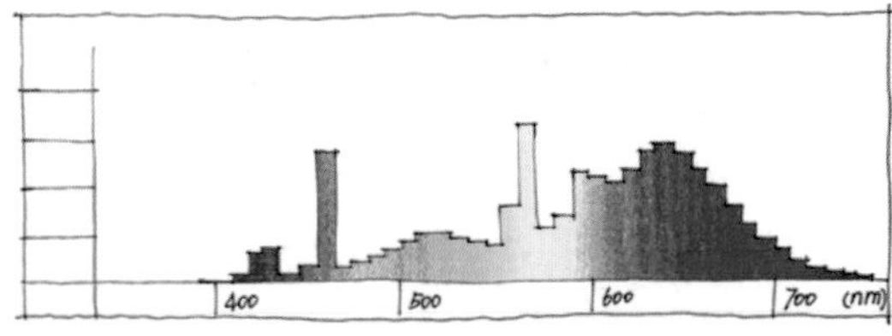

图 1–38　相对光谱分布

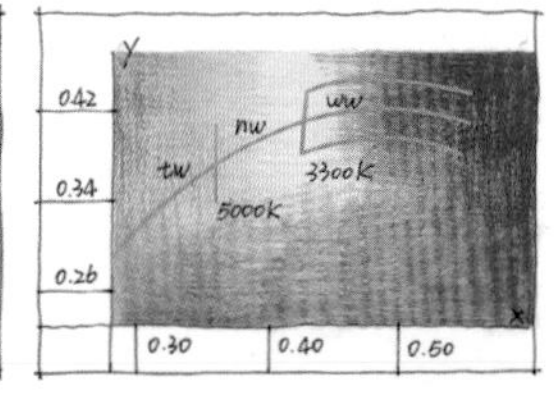

图 1–39　光色（色温）——暖白光

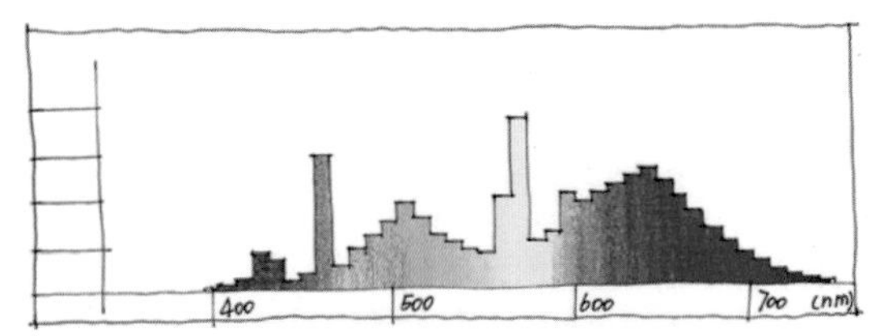

图 1–40　相对光谱分布

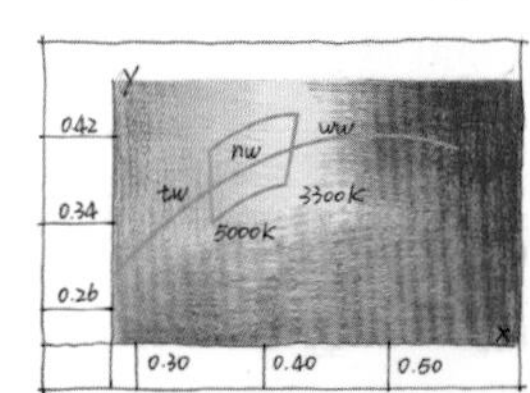

图 1–41　光色（色温）——白光

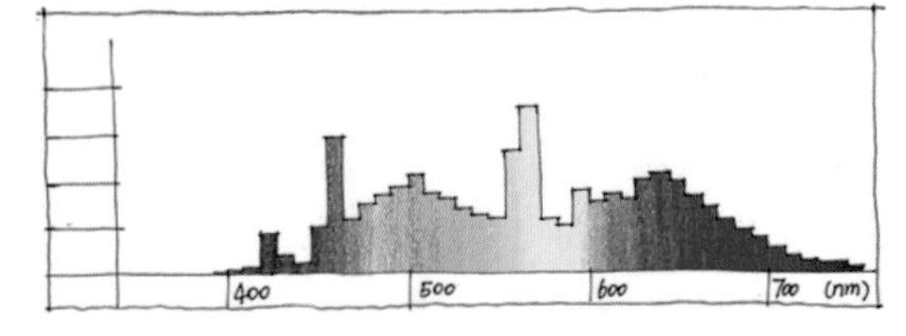

图 1–42　相对光谱分布

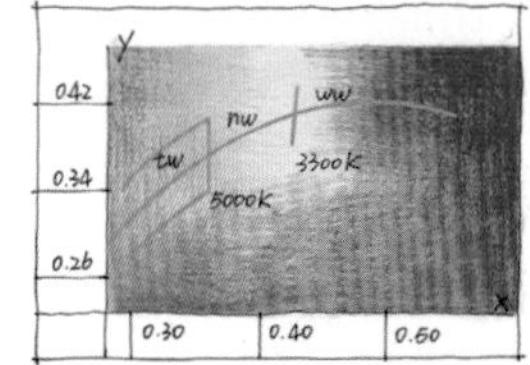

图 1–43　光色（色温）——冷白光

3. 外观

荧光灯的外观为白色管状，通常有长管形（T8、T5、T4）、环形管灯等，灯头一般为双针式，需配光管支架及镇流器启动。（图1−44）

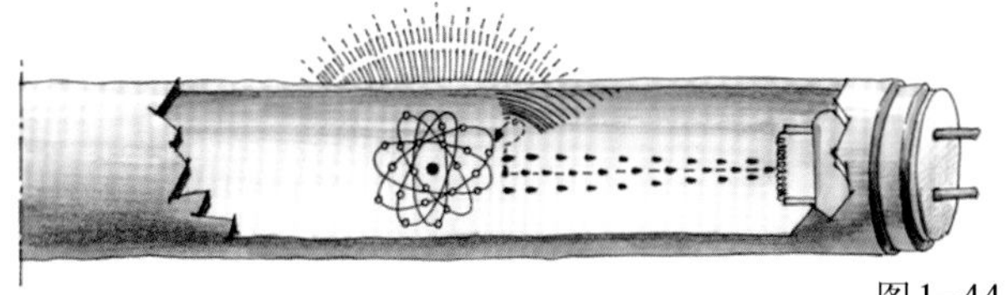

图1−44

紧凑型荧光灯（节能灯）

1. 性能

紧凑型荧光灯的性能与荧光灯基本一致，特点是做工更加小巧，可直接替代白炽灯，起到很好的节能作用，因此，又被称为节能灯。

2. 特性（图1−45～图1−50）

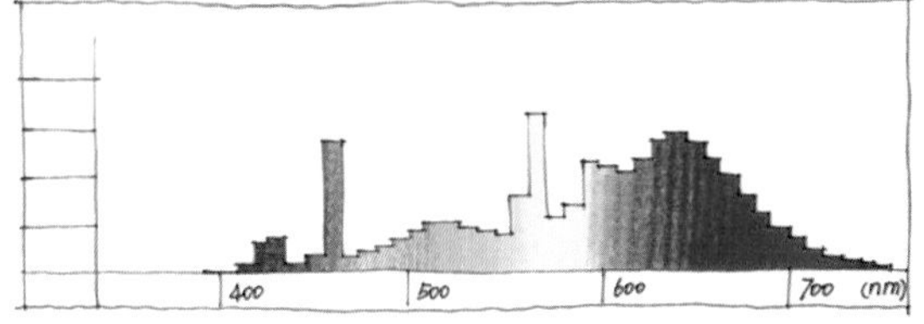

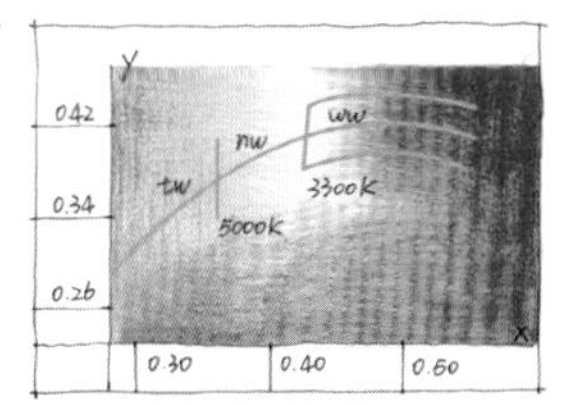

图1−45　相对光谱分布　图1−46　光色（色温）——暖白光

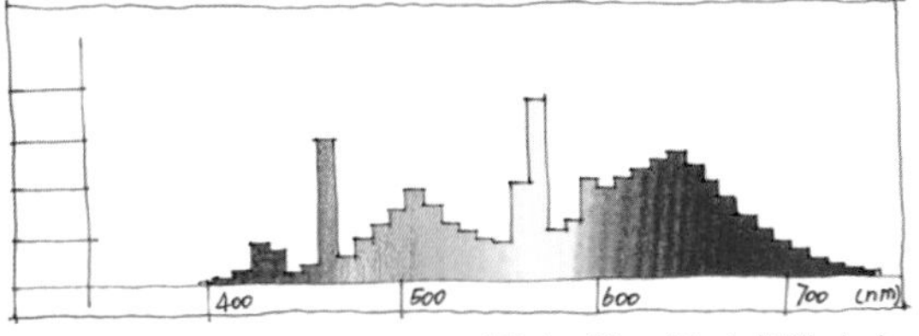

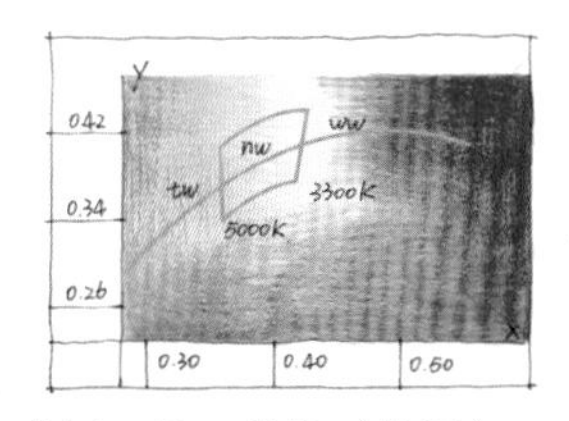

图1−47　相对光谱分布　图1−48　光色（色温）——白光

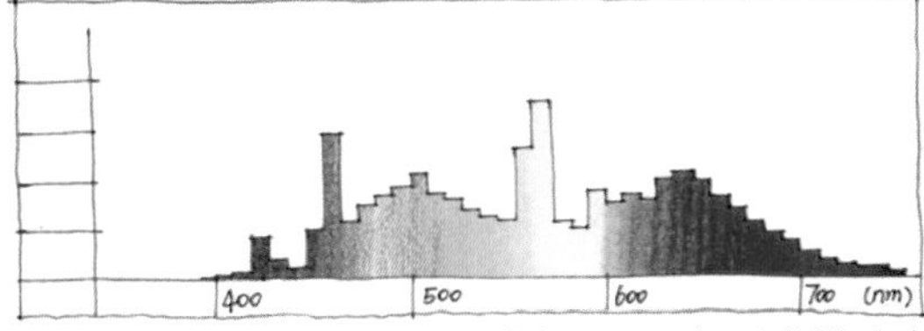

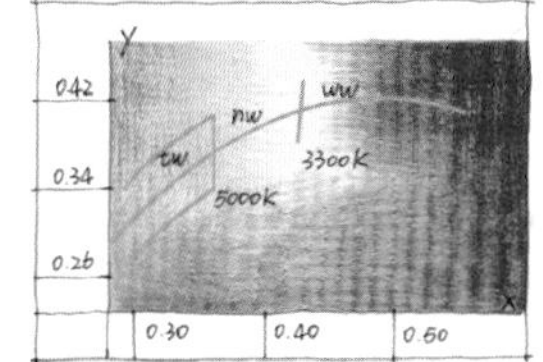

图1−49　相对光谱分布　图1−50　光色（色温）——冷白光

3. 外观（图1−51）

紧凑型荧光灯由2～4支灯管平行并列或弯成U形，另有螺旋造型，有多种功率选择，一般为7 W～60 W。灯头一般采用双针、三针式插头或E27螺旋口。部分需用镇流器启动，另外也有灯泡内置电器可直接通电启动光源。

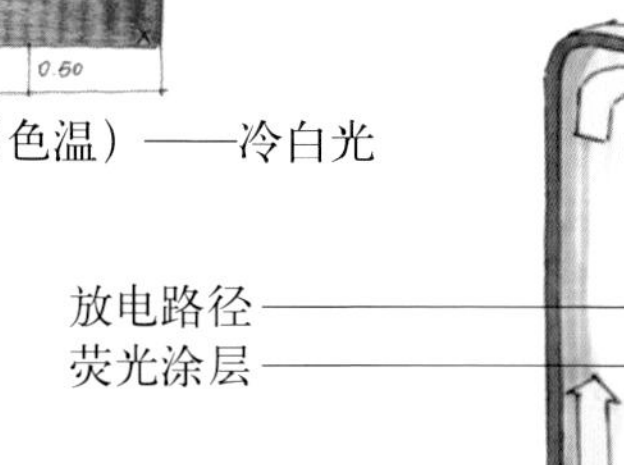

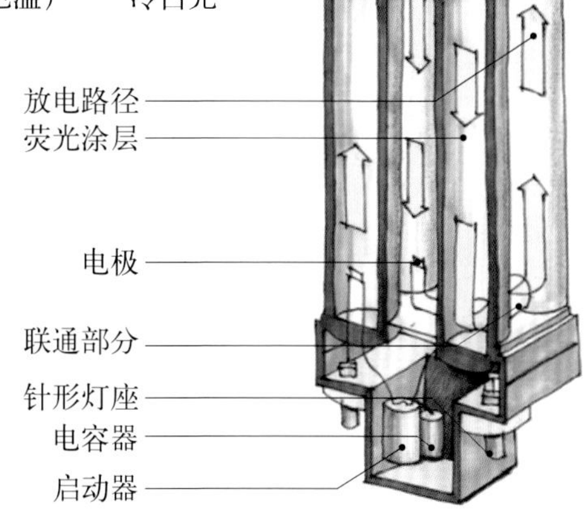

图1−51

金卤灯

1. 性能

在实际应用中，按照引用标准和镇流器线路的不同，我们常将金卤灯分为美标金卤灯和欧标金卤灯。

美标金卤灯是按照美国的ANSI C78系列标准来生产制造，欧标金卤灯则是按照国际标准CEI IEC 61167标准生产制造。金卤灯目前被大量应用于户外、室内各种照明环境中，主要的功率范围是20 W ~ 400 W。目前金卤灯向着更小巧、更高寿命及更好光效的方向发展，同时也加强了电器的稳定性。金卤灯启动需要5到10分钟，另外需要注意的是，金卤灯基本不作为可调光的光源。

2. 特性（图1−52 ~图1−57）

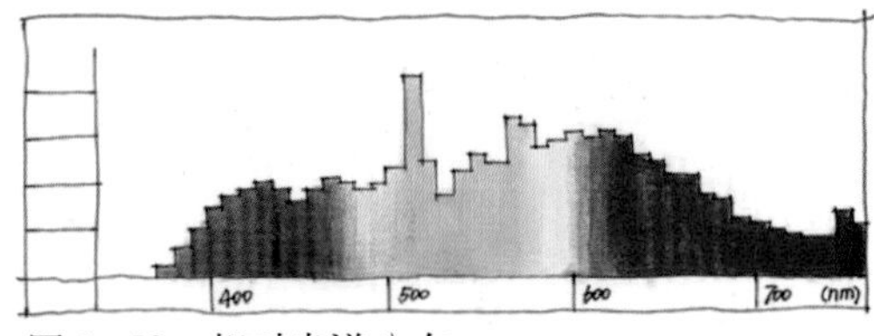

图1−52　相对光谱分布

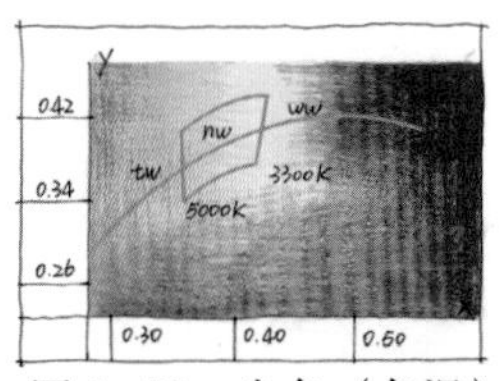

图1−53　光色（色温）——冷白光

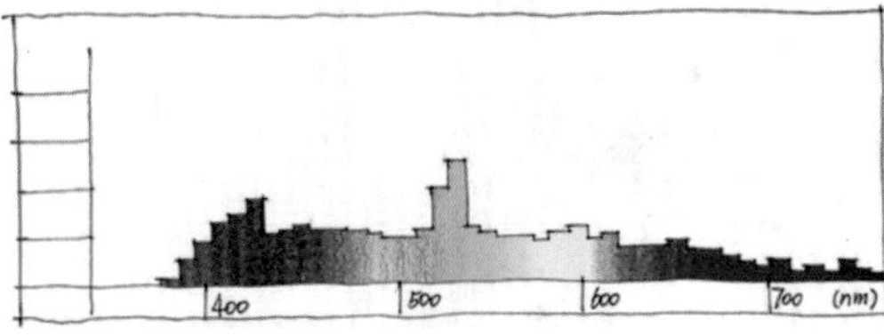

图1−54　相对光谱分布

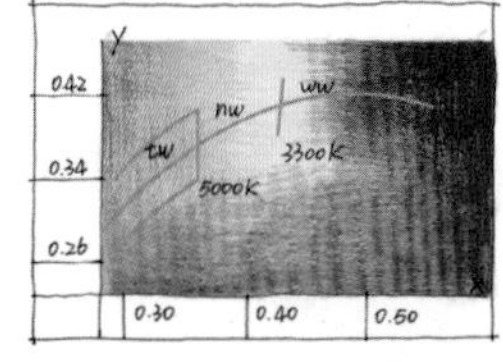

图1−55　光色（色温）——冷白光

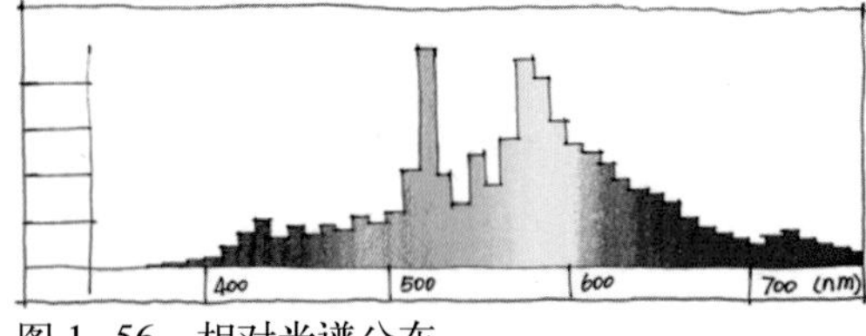

图1−56　相对光谱分布

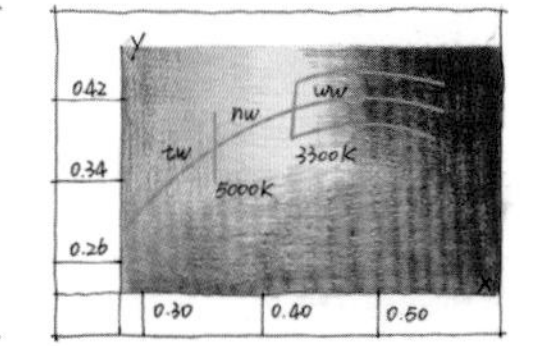

图1−57　光色（色温）——冷白光

3. 外观（图1−58、图1−59）

金卤灯外观分为双端金卤灯、单端管状金卤灯、单端泡状金卤灯、抛物形状反射金卤灯杯等。

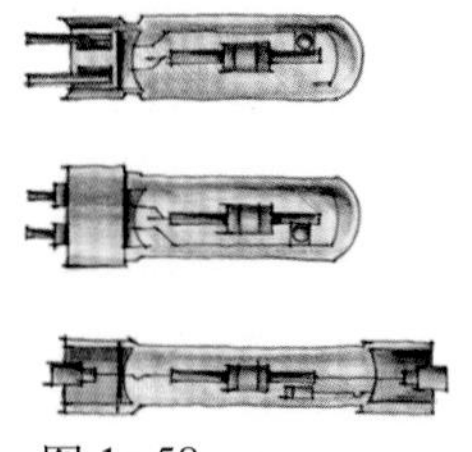
图1−58

图1−59

高压钠灯

1. 性能

高压钠灯是HID系统，是发光效果最好的光源，但显色性不高，色温会有较高的落差，所发出的光集中在黄色光谱区域，因此光色为金黄色。

近些年来高压钠灯与复金属混光，主要基于光谱特性的互补，可达到较好的混光效果。高压钠灯启动需要5到10分钟，另外需要注意的是，高压钠灯基本不作为可调光的光源。

2. 特性（图1–60、图1–61）

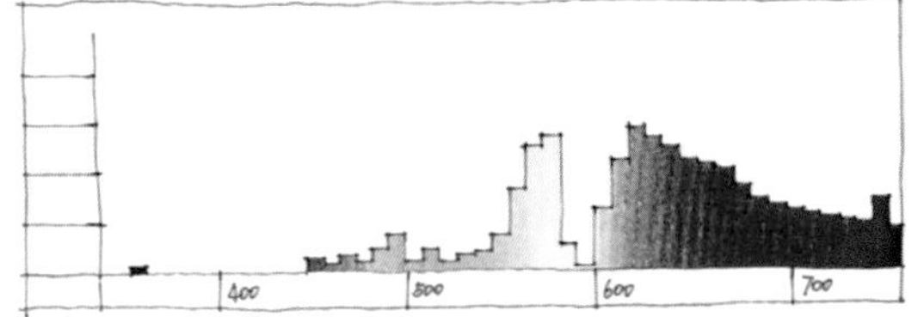

图1–60　相对光谱分布

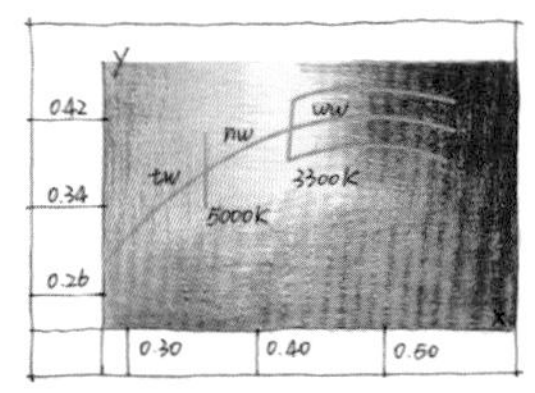

图1–61　光色（色温）——冷白光

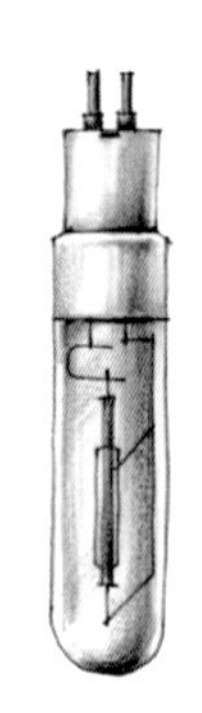

图1–62

3. 外观（图1–62）

发光二极管

1. 性能

LED与传统光源不同，LED是电子产品，因此LED通常由恒压供电，需要配套相应的驱动器。其特点是小巧、发光效果好、利用率高。另外LED照明灯具还可以与各种类型的传感器关联，实现多种自动控制功能。除了常规光色外，LED还可以发出多种颜色，甚至非常便于混合光色。

2. 发光原理

发光二极管是一种特殊的二极管。和普通的二极管一样，发光二极管由半导体芯片组成，这些半导体材料会预先通过注入或掺杂等工艺以产生PN结结构。与其他二极管一样，发光二极管中电流可以轻易从P极（正极）流向N极（负极），相反方向则不能。两种不同的载流子——空穴和电子，在不同电极电压的作用下从电极流向PN结，当空穴和电子相遇而产生复合，电子会跌落到较低的能阶，同时以光子的方式释放出能量。（图1–63～图1–70）

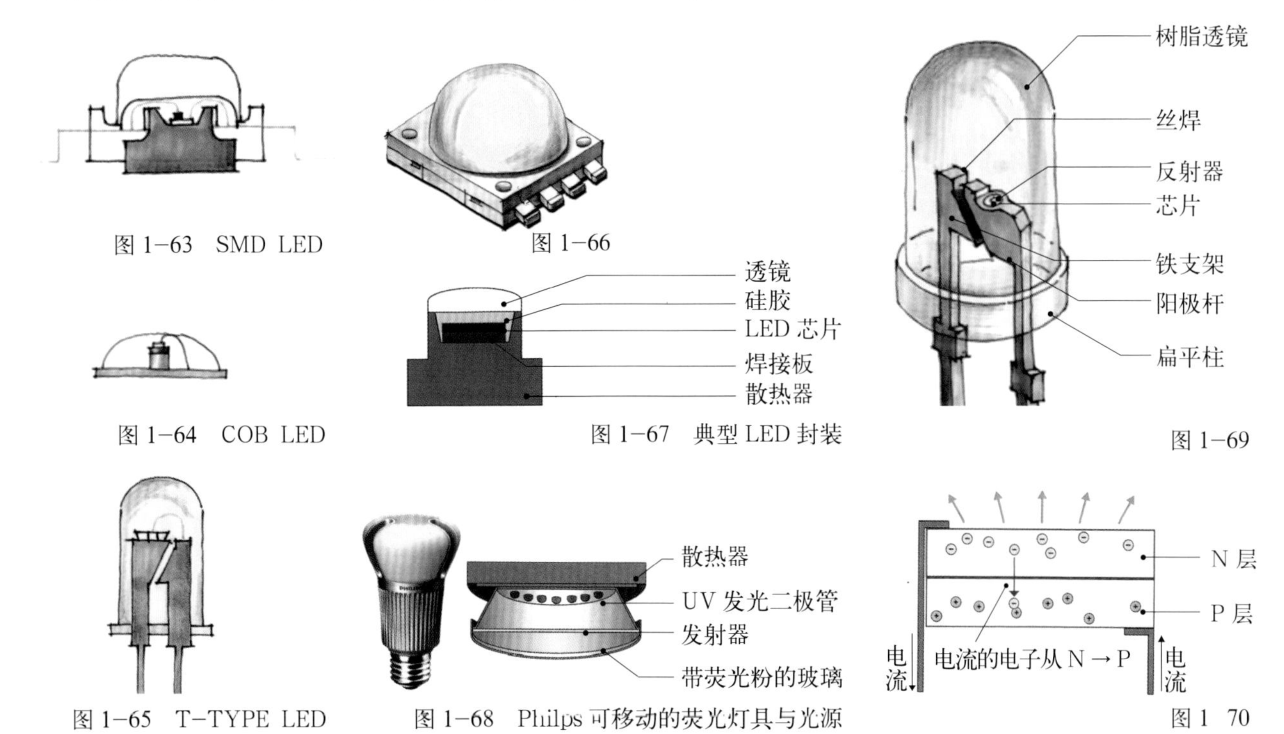

图1–63　SMD LED

图1–66

图1–69

图1–64　COB LED

图1–67　典型LED封装

图1–65　T-TYPE LED

图1–68　Philips可移动的荧光灯具与光源

图1　70

一般

50 ~ 60 CRI
暖光白炽灯
冷光白炽灯
60 ~ 70 CRI
高压钠灯
金卤灯

较好

70 ~ 80 CRI
荧光灯 LED

最好

80 ~ 90 CRI
白色高压钠灯
暖光金卤灯
荧光灯 LED
90 ~ 100 CRI
高显色性荧光灯
白炽灯、卤钨灯
LED

3. LED 显色特性

用于照明工程的 LED，尤其是白光 LED，除表现颜色外，更重要的特性在于周围的物体在 LED 光照明下所呈现出来的颜色与该物件在完全辐射（如日光）下的颜色是否一致，即所谓的显色特性。

LED 的色温会随着荧光粉配方的调整而有所变化，因此人们可以生产出任何色温和色彩的 LED 光源。一般来讲，高色温的光源发光效率比较高，低色温的光源发光效率较低。(图 1–71)

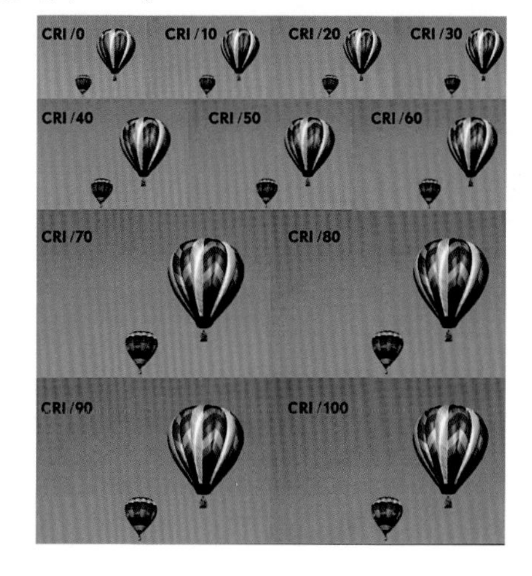

图 1–71　不同光源的光效对比

4. LED 透镜

LED 灯具的配光主要依靠光源体封装的透明树脂透镜，它可以把芯片发出的光集成需要的出光角度。透镜由 4 部分组成：中间内凹的非球面柱面镜部分、侧面的全反射棱镜部分、两端的全反射棱镜部分，以及上表面“W”形的自由曲面部分。但 LED 光源的体积小，因此要求光学透镜材料的出光率在 95% 以上。(图 1–72 ~图 1–76)

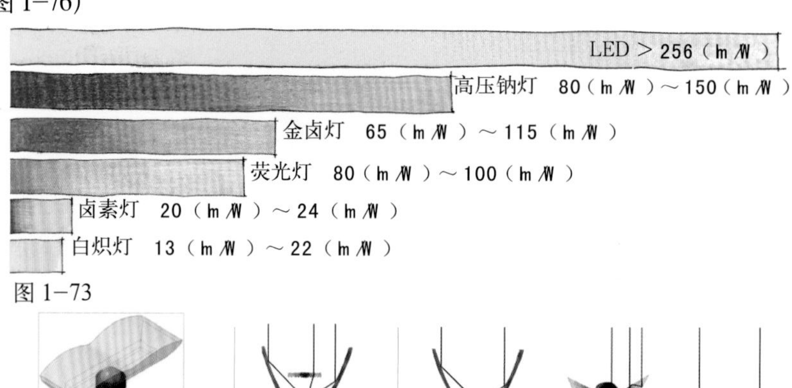

图 1–73

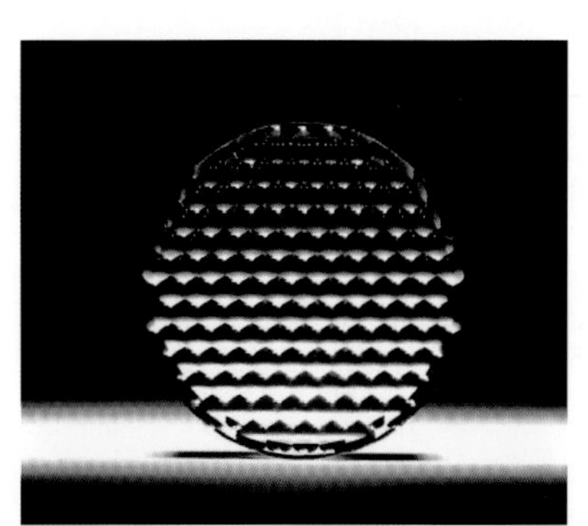

图 1–72

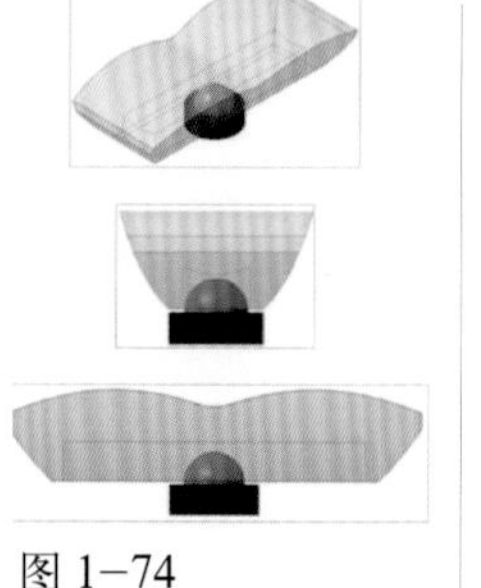

图 1–74
蝙蝠翼透镜

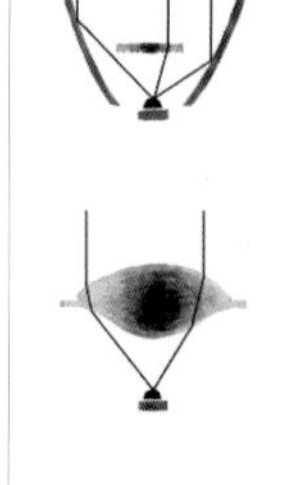

图 1–75
凸透镜

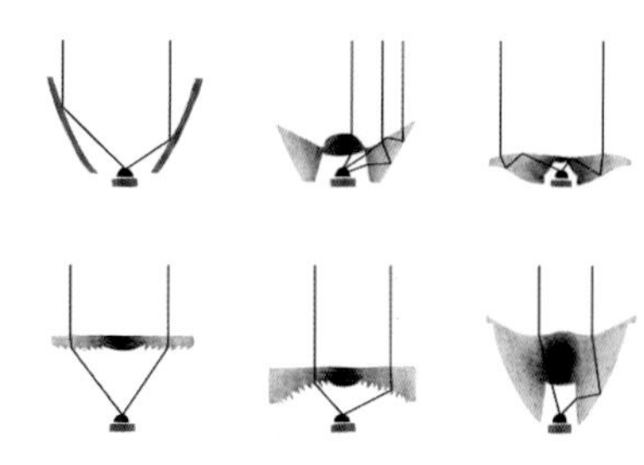

图 1–76
锯齿透镜

2

第 2 章
Chapter 2

Light Fitting

01

灯具的由来与发展

灯具是灯光造型艺术中不可忽视的设计元素，通过探索灯具造型与其形成的光对人们生理、心理、行为以及生存环境的积极影响，进一步了解灯具与社会、人文、自然环境的关系，从而提高发展灯具及其发光的创意能力。(图 2–1)

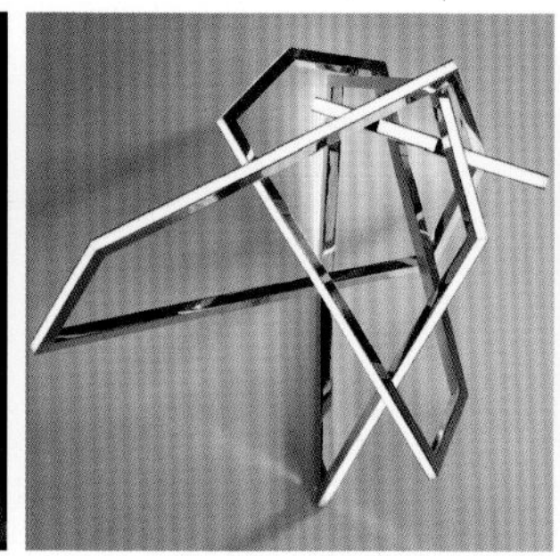
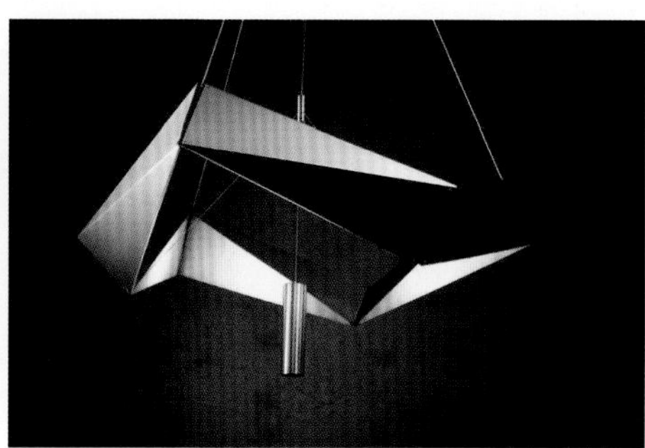

图 2–1

灯具的由来

自钻木取火以来，通过火的燃烧，人类感受到了光和热。

热变革了人类的饮食，而光则为人类照明。

灯具首先是作为火光的容器出现的，然后发展出了为保护并延续火光使用时长的功能。

随后人类就开始制造和使用动物油灯、植物油灯、蜡烛灯、煤油灯等，直到人类发明了电光源，灯具经历了漫长的历史发展过程。(图 2–2 ~图 2–5)

图 2–2

图 2–3

图 2–4

图 2–5

灯具的发展

1879 年，爱迪生成功发明了白炽灯光源，灯具迎来了跨时代的变革，现代的电光源灯具应运而生。最早是用一根电线连接灯头和光源，就组成了一个灯具，发出的光是 360° 发散的，没有经过遮挡或改变方向。为了保护光源以及更好地利用光源发出的光，出现了斗笠形的灯罩，这就是最早的电光源灯具。

仅仅是有限地保护光源，改变光源向上发射的光通量，使其反射，提高向下的光通量，这就是最原始、简单的配光。此时并没有出现真正意义的配光，也没有经过科学计算的设计反射器来改变光源发出光线的方向。随着光源体积、形状的不断变革，应运而生的灯具也不断升级。功能型的灯具迎来了新的变革。根据各种电光源的特性研发出的灯具具有美观易安装的特点，材质优良，加之配光的反射器，这就大大提高了灯具的光通利用率。节能优质的灯具产品在不断地更新换代，但是这个时代的灯具，仍然受限于固定的光源形式。（图 2–6 ～图 2–9）

图 2–6

图 2–7

图 2–8

图 2–9

1962 年，发光二极管（LED）的出现和急速发展，使得灯具迎来了第二次变革。

LED 时代的灯具由于光源自身特性的限制，体积很小，每个单元 LED 小片是 3 mm ～ 5 mm 的正方形，所以可以制成各种形状的器件，并且适合于易变的环境，较前两个时代的灯具而言，具有了更多的可塑性。

LED 灯具从功能时代跨出了历史性的一步，它带领人们穿行在灯光世界的三维空间中，从根本意义上改变了灯具原本的意义。（图 2–10、图 2–11）

图 2 10

图 2–11

02

灯具的概述

【国际照明委员会 (CIE) 定义】

灯具，是指能透光、分配和改变光源光分布的器具，包括除光源外所有用于固定和保护光源所需的全部零、部件，以及与电源连接所必需的线路附件。

灯具的功能

一是能够提高光通的利用率，并保护光源，提高使用者的视觉舒适度。

二是可以作为一种装饰品，体现空间环境的风格特性，提升其格调。

总结如下几点：

为光源提供连接到电气设备的硬件；

调整光线到预期方位，同时把光损失降至最低；

减少光源眩光；

装饰性；

保护光源。

灯具的主要部件

灯具的主要部件是指被固定在安装表面上，或被直接悬挂或直接安放在表面上的部件（它可以带也可以不带光源、灯座和辅助装置），典型的灯具包含如下装置：

光源；

控光部件；

固定和保护光源的机械装置；

使得光源点燃并控制光源的电气附件；

固定灯具的机械装置。（图 2−12 ～图 2−14）

在灯具的主要部件中，最核心的就是控光部件，控光部件有以下几种形式。

反射器。它是传统时代的灯具最重要的组成部分，LED 时代反射器不是最重要的形式了。传统灯具中铝还是最常见的灯具反射器材料，反射方式包括镜面反射、定向扩散、漫反射等。

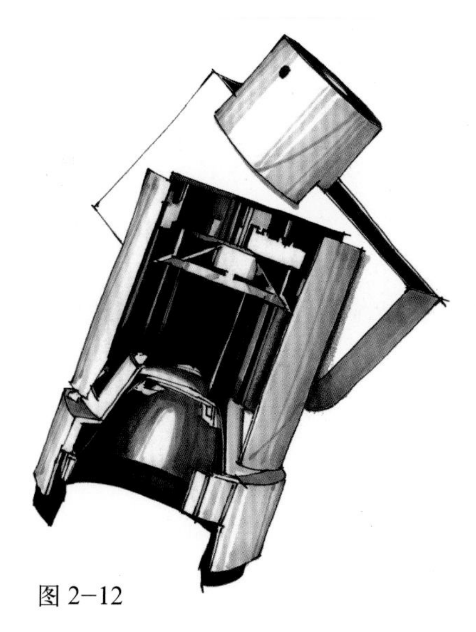

图 2−12

遮光器。遮光要讲究对灯具效率的影响。

滤光器。或漫反射减少眩光，或改变光色，或折射整合改变光的方向以及遮挡最强眩光等。

导光器。光纤是一种特别的控光部件，把发光器的光传送并塑形，形成线性光（侧发光）和点状光（端发光）。它送光不送热，紫外照送。

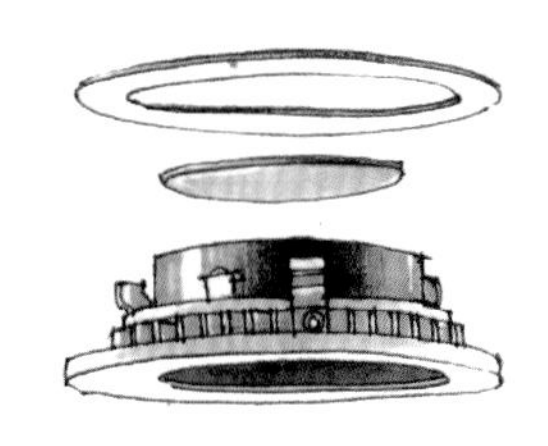

图 2-13
可更换灯具外罩

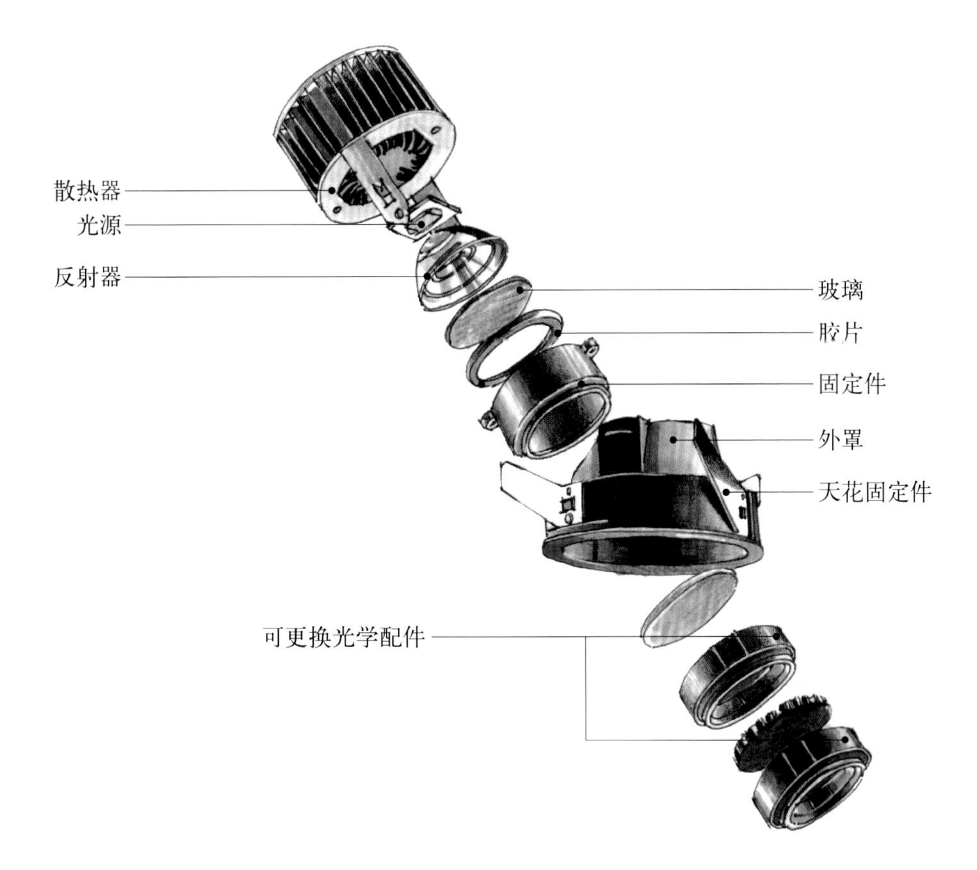

图 2-14

灯具的常用材料

制造灯具的常用材料：钢板、铝合金铸材、型材、塑料材料、锌合金铸件、填料和封接材料（橡胶、泡沫、树脂等）、水晶、玻璃、光控材料（高纯铝、不锈钢、抛光玻璃）等。

表面处理的作用：防腐、镀饰（装饰的效果）。

表面处理工艺的分类：热处理（主要是对机械器具的耐磨加硬韧性通过加热发生质变的应用）、滚光（机械研磨、抛光的工艺流程）、喷砂氧化、烤漆（喷油和喷粉）。

工艺流程：机械滚光研磨→脱脂→酸洗→磷化→驱氢→上挂→喷油或喷粉→固化→出炉包装。

电镀：根据沉积的类型分滚镀、真空镀、气相镀、化学镀、水溶液电离子电镀及金属的电泳、氧化、着色等。水溶液电离子电镀分单金属电镀、复合电镀以及电铸、特殊材料电镀等。

电镀工艺流程：精抛→脱脂→超声波除脂→擦洗→上挂→活化（酸洗）→阴解→阳解→镀碱铜（底碱）→镀酸铜→镀镍、铬、青铜、锂镍等→防止变色保护→驱氢（干燥）→保护漆→产品包装。

03
灯具的分类

照明灯具的分类方法繁多。

按 CIE 推荐的根据光通量分配比例分类可分为：直接型、半直接型、全漫射型、半间接型和间接型。

按配光分类可分为：宽配光、中配光、窄配光、对称配光、非对称配光。

按灯具的安装方式分类可分为：嵌入式、移动式和固定式三种。

按应用场所分类可分为：室内灯具、建筑灯具、植物灯具、景观灯具、水池灯具、道路灯具、隧道灯具、体育馆灯具、工矿灯具、汽车摩托车飞机照明灯具、特种照明灯具、电影电视舞台照明灯具。

笔者将重点以安装方式及使用场所为分类原则对灯具进行分类列表。此部分以灯具厂家（DELTA）的产品目录为参考资料。

室外灯具分类

实用区域	安装方式	常用类型	安装位置	安装方式图标
户外	天花板嵌入安装	嵌入式射灯、嵌入式筒灯	建筑天面、通道、雨棚、飘棚等位置	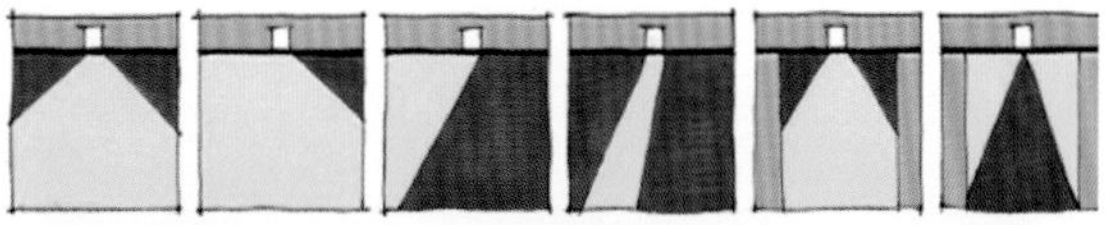
	天花板表面安装	吸顶式射灯、吸顶式筒灯、明装投光灯	建筑天面、通道、雨棚、马道、飘棚等位置	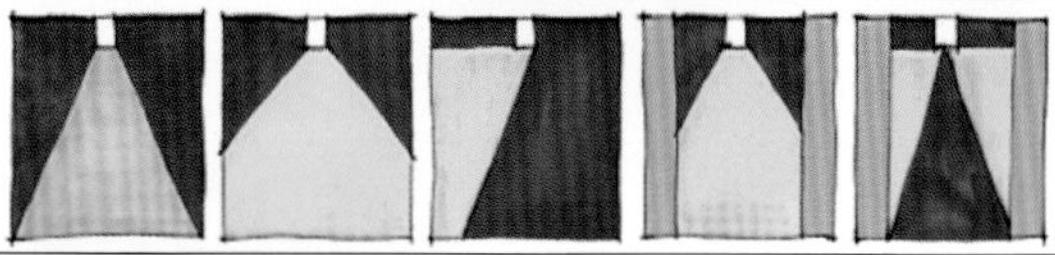
	天花板悬吊安装	悬吊式射灯、悬吊式筒灯、悬吊投光灯	建筑天面、通道、雨棚、马道、飘棚等位置	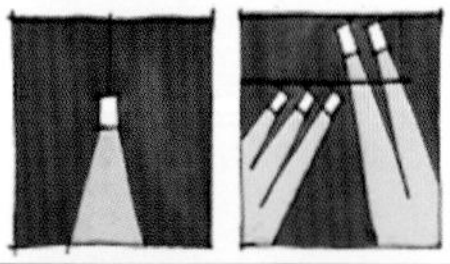
	墙面嵌入安装	嵌入式壁灯、嵌入式水池、壁灯	建筑墙面、水池侧壁、柱面等位置	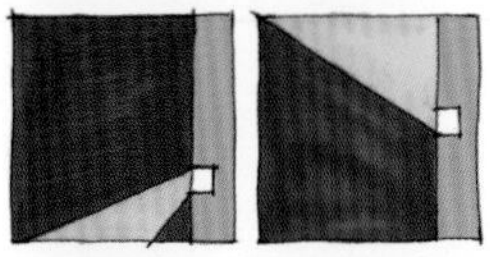
	墙面表面安装	明装式壁灯、明装式水池、壁灯	建筑墙面、水池侧壁、柱面等位置	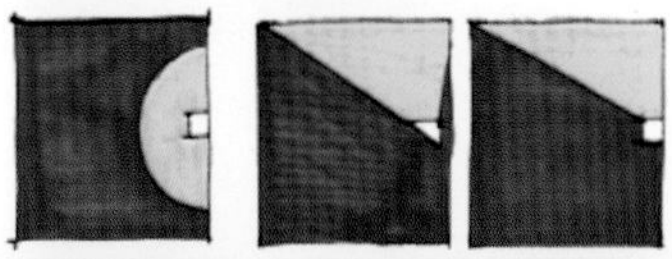
	地面嵌入安装	嵌入式埋地灯	地面、草坪、水池底面	
	地面表面安装	草坪灯、庭院灯、照树灯、路灯、明装式水池灯	地面、草坪、水池底面	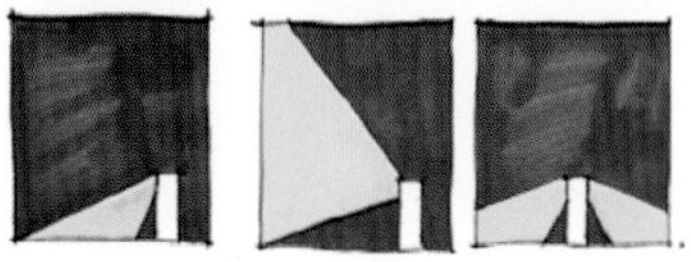

续表

实用区域	安装方式	常用类型	安装位置	安装方式图标
室内	天花板嵌入安装	嵌入式射灯、嵌入式筒灯	空间天花面	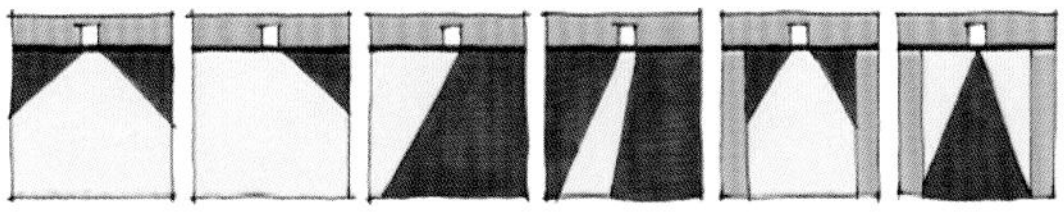
	天花板表面安装	吸顶式射灯、吸顶式筒灯、明装投光灯	空间天花面	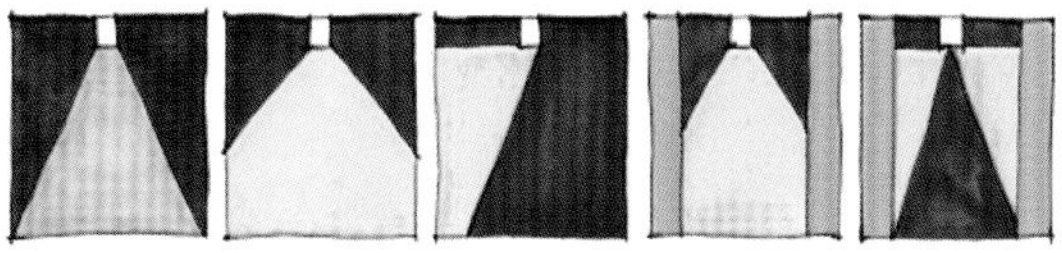
	天花板悬吊安装	悬吊式射灯、悬吊式筒灯、悬吊投光灯	空间天花面	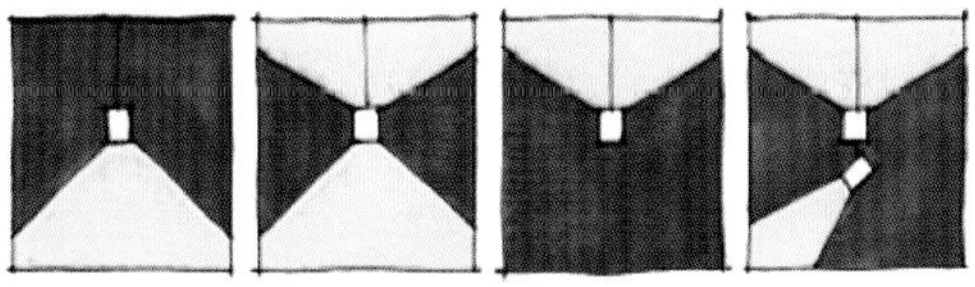
	墙面嵌入安装	嵌入式壁灯	空间墙面	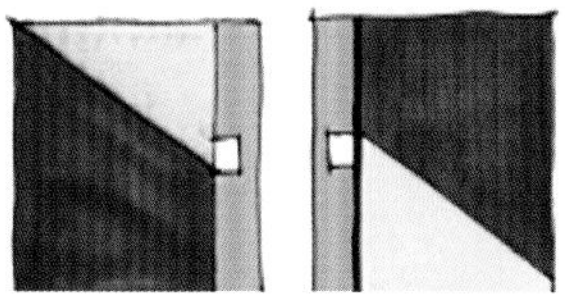
	墙面表面安装	明装式壁灯	空间墙面	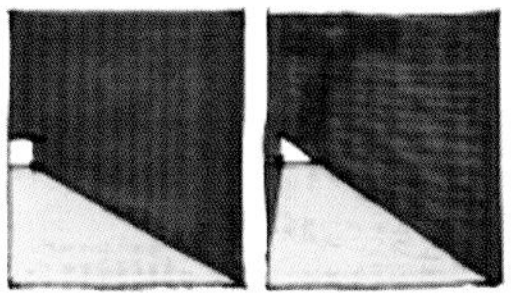
	地面嵌入安装	嵌入式埋地灯	空间地面	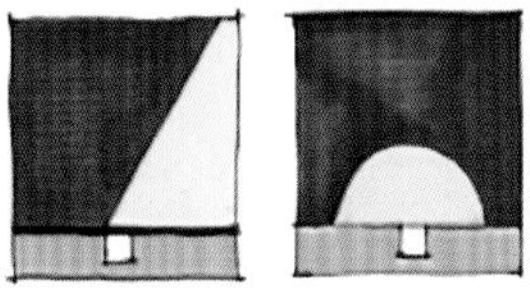
	地面表面安装	落地灯	空间地面	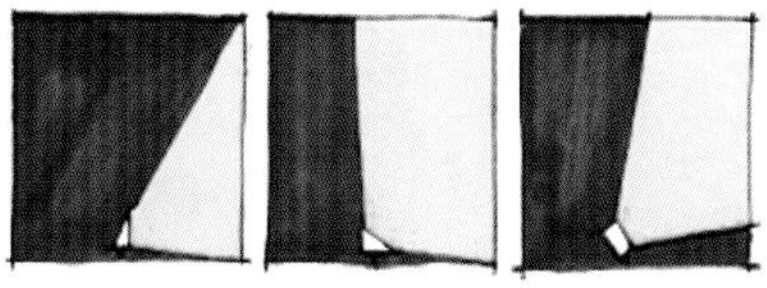
	台面表面安装	台灯	空间面	

04

灯具的配光

现代的电光源灯具，从使用目的来讲，可以简易划分为功能型灯具和装饰型灯具。

仅以功能型灯具来讲，灯具的配光或光强分布是衡量灯具品质的第一光学标准。

那么什么叫配光?

灯具是为了照明，照明是把光有目的地分布在需要的对象上，配光就是为了某种照明目的对灯具发出的光进行强度的配置。我们把用曲线或表格表示灯具在空间各方向的光输出强度分布值称为灯具的配光曲线或光分布曲线，它是表现灯具特性的重要参数。

截光、遮光和眩光

图 2–15

截光角是指光源发光体最外沿的一点和灯具出光口边沿的连线与通过光源光中心的垂线之间的夹角。它与遮光角（图 2–15 中 α）互为余角。街道照明灯具以截光角的大小表示控制直接眩光的等级。

遮光角又称保护角，是指光源发光体最外沿一点和灯具出光口边沿的连线与通过光源光中心的水平线之间的夹角。在正常的水平视线条件下，为防止高亮度的光源造成直接眩光，灯具至少要有 10°～15° 的遮光角。在照明质量要求较高的环境中，灯具应有 30°～45° 的遮光角。加大遮光角会降低灯具效率，这两方面要权衡考虑。

眩光是指视野中由于不适宜亮度分布，或在空间或时间上存在极端的亮度对比，以致引起视觉不舒适和降低物体可见度的视觉条件。在视野中，某一局部地方出现过高的亮度或前后发生过大的亮度变化，会产生人眼无法适应的光亮感觉，可能导致人产生厌恶、不舒服甚或丧失明视度的感觉。眩光是引起视觉疲劳的重要原因之一。

截光角和遮光角都与防眩光有关。（图 2−16）

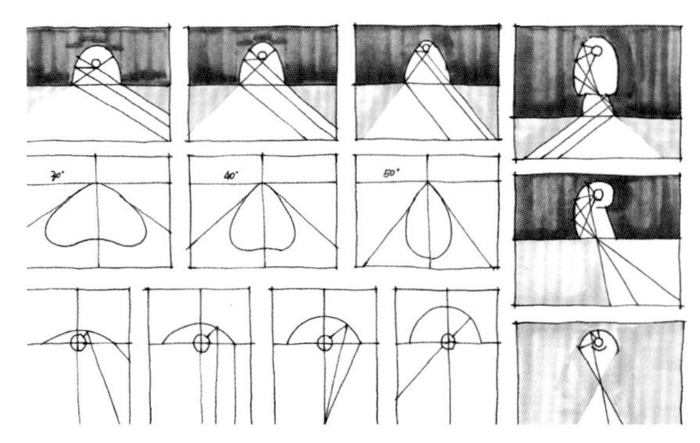

图 2−16　灯具常见配光，截光角、遮光角与光束角

灯具效率

灯具效率是指在规定条件下测得的灯具所发射的光通量值与灯具内所有光源发出的光通量测定值之和的比值。

灯具效率 η 是指在相同的使用条件下，灯具的发射光通量 Φ_1 与灯具内所有光源发出的总光通量 Φ_0 之比。

即 $\eta=\dfrac{\Phi_1}{\Phi_0}$

利用系数是工作面或其他规定的参考平面上，直接或经相互反射接受的光通量 Φ_f 与照明装置全部灯具发射的额定光通量总和 Φ_0 之比。

即 $\eta=\dfrac{\Phi_f}{\Phi_0}$

灯具按配光（光通量分布）分类——国际照明委员会（CIE）推荐的灯具分类（室内照明）

照明方式	光通分布图例	光照上方分布	光照下方分布	备注
直接照明		=10%	=90%	例如：射灯
半直接照明		10% ~ 40%	60% ~ 90%	例如：吊灯
均匀漫射照明		40% ~ 60%	60% ~ 40%	例如：球形灯
半间接照明		60% ~ 90%	10% ~ 40%	例如：上下出光灯盘
间接照明		=90%	=10%	例如：暗藏灯槽

任何灯具在空间各方向上的发光强度都不一样，我们可以用数据或图形把照明灯具发光强度在空间中的分布状况记录下来。通常我们用纵坐标来表示照明灯具的光强分布，以坐标原点为中心，把各方向上的发光强度用矢量标注出来，连接矢量的端点，即形成光强分布曲线，也叫配光曲线。

配光曲线其实就是表示一个灯具或光源发射出的光在空间中的分布情况。（图 2–17）

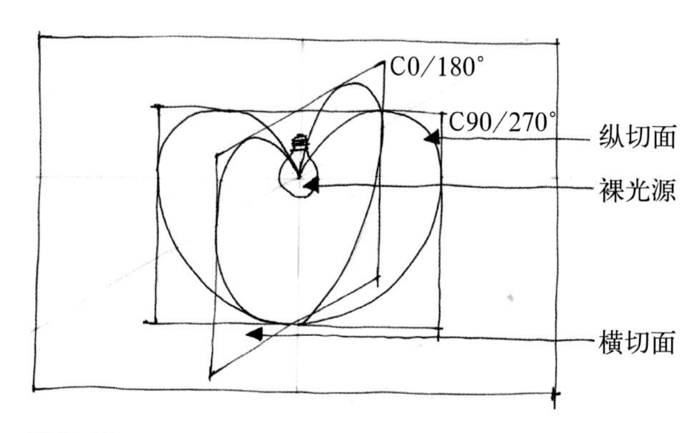

图 2–17

灯具的配光曲线的两种图表方式可见图 2–18、图 2–19。

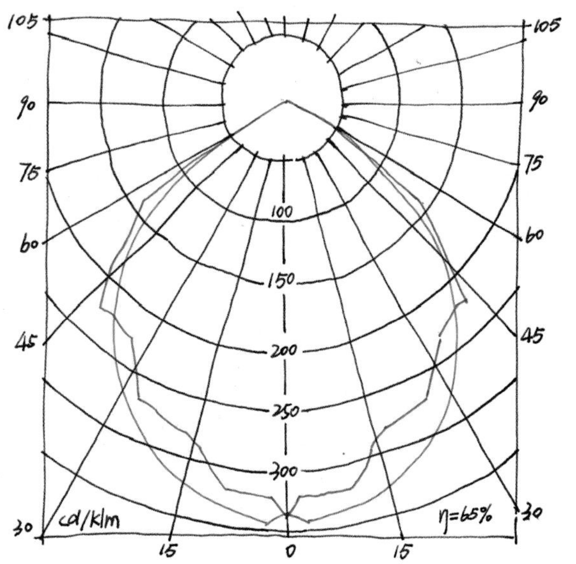

图 2–18　极坐标

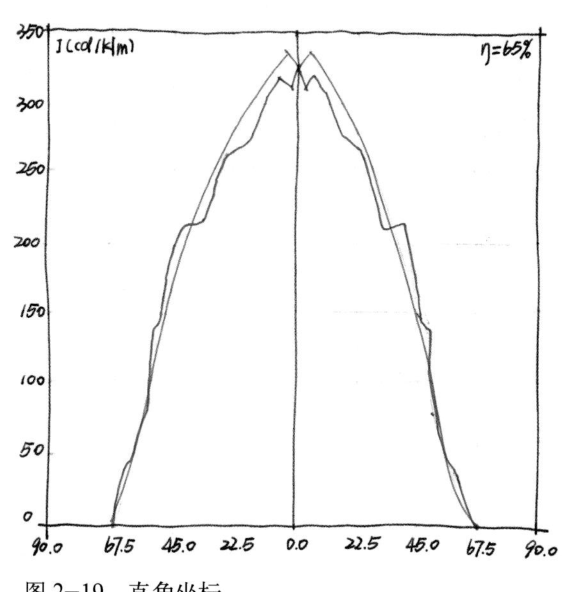

图 2–19　直角坐标

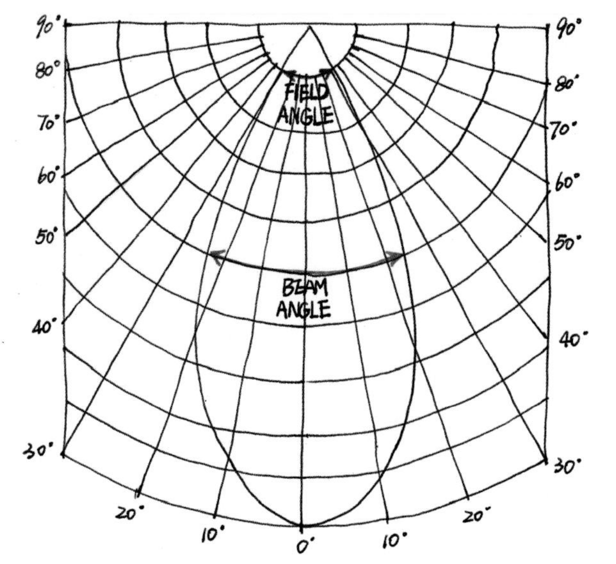

图 2–20　光强曲线分布图

光度数据（图 2–20）

样本中的术语——光束角的定义

1/10 Imax (IES)

1/2 Imax (CIE)

IES——国际照明学会（美国）

CIE——国际照明委员会（欧洲）

此例中光束角为 30°（IES）；23°（CIE）

按照对称性质，配光通常可分为以下三种。

轴向对称配光曲线：又称为旋转对称，指各个方向上的配光曲线都是基本对称的，一般的筒灯、工矿灯都是这样的配光。(图 2–21、图 2–22)

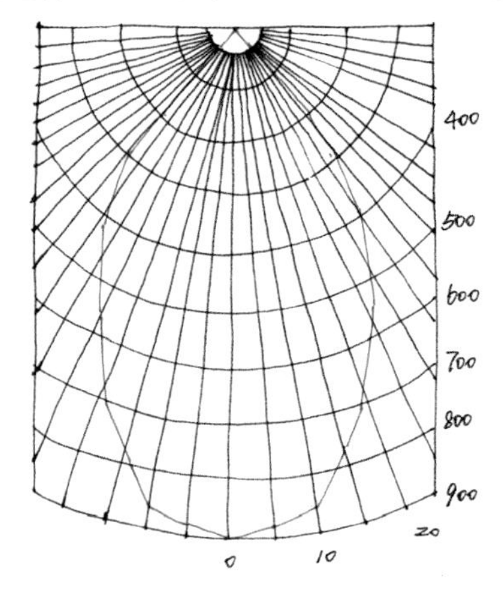

图 2–21

图 2–22

对称配光曲线：当灯具 C0° 和 C180° 剖面配光对称，同时 C90° 和 C270° 剖面配光对称时，这样的配光曲线被称为对称配光。(图 2–23、图 2–24)

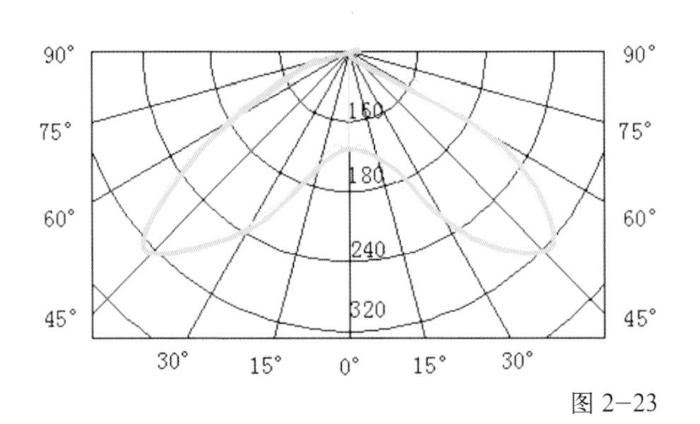

图 2–23

图 2–24

非对称配光曲线：指 C0° ~ 180° 和 C90° ~ 270° 任意一个剖面配光不对称的情况。(图 2–25、图 2–26)

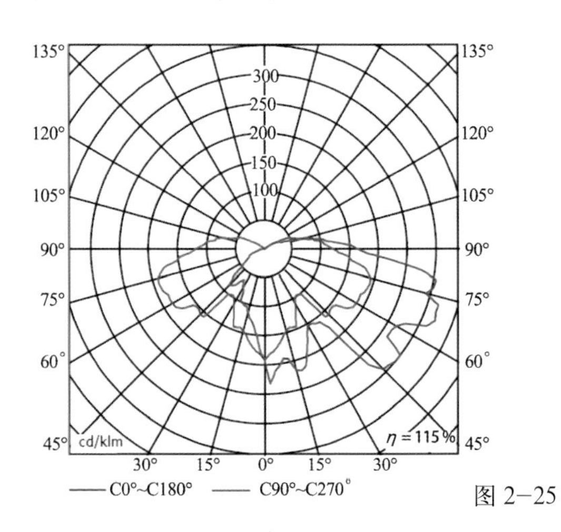

图 2–25

图 2–26

灯具的功能

各种常见的照明灯具，如吊灯、吸顶灯、嵌顶灯、壁灯、活动灯具、建筑照明灯，它们都有什么功能呢?

吊灯

吊灯一般为悬挂在天花板上的灯具，是最常使用的普遍性照明灯具，有直接、间接、下向照射及均匀散光等多种灯型。吊灯的大小及灯头数的多少均与房间的大小有关。吊灯一般离天花板 500 mm ~ 1000 mm，光源中心与天花板距离以 750 mm 为宜，也可根据具体需要调整。

吸顶灯

吸顶灯是直接安装在天花板面上的灯具。包括下向投射灯、散光及全面照明等几种灯型，按光源分有白炽灯吸顶灯和荧光灯吸顶灯等。其优点是可使顶棚较亮，提升整个房间的明亮感，缺点是易产生眩光。由于一般住宅层高度比较低，所以吸顶灯被广泛使用。吸顶灯的造型、布局组合方式、结构形式和使用材料等，要根据使用要求、天棚构造和审美要求来考虑。灯具的尺寸大小要与室内空间相适应，结构上一定要安全可靠。

嵌顶灯

嵌顶灯泛指嵌装在天花板内部的隐式灯具，灯口与天花板衔接，通常属于向下抽射的直接光灯型。这种灯型在一般民用住宅中并不多见，多用于有空调和吊顶的房间。但由于嵌顶灯有阴暗感，因此，常和其他灯具配合使用。

壁灯

壁灯是安装在墙壁上的补充型照明装饰灯具。由于距地面不高，一般都用低瓦数灯泡。灯具本身的高度，大型的为 450 mm ~ 800 mm，小型的为 275 mm ~ 450 mm。灯罩的直径大型的为 150 mm ~ 250 mm，小型的为 110 mm ~ 130 mm。灯具与墙壁面的距离大体上是 95 mm ~ 400 mm。壁灯常用的光源功率，大型的使用 100 W、150 W 白炽灯泡，小型的使用 40 W、60 W 白炽灯泡，也可直接用紧凑型荧光灯替代白炽灯泡。

活动灯具

活动灯具是可以随需要自由放置的灯具。一般桌面上的台灯、地板上的落地灯都属于这种灯具。它是一种最具有弹性的灯型。大型落地灯的总高度为 1520 mm ~ 1850 mm，灯罩直径 400 mm ~ 500 mm，使用 100 W 的白炽灯泡；小型落地灯的总高度为 1080 mm ~ 1400 mm 或 1380 mm ~ 1520 mm，灯罩的直径为 250 mm ~ 450 mm，使用 60 W、75 W 或 100 W 的白炽灯泡；中型落地灯的总高度为 1400 mm ~ 1700 mm。大型台灯的总高度为 500 mm ~ 700 mm，灯罩直径是 350 mm ~ 450 mm，使用白炽灯时一般用 60 W、75 W 或 100 W 的灯泡；小型台灯的总高度为 250 mm ~ 400 mm，灯罩直径是 200 mm ~ 350 mm，使用白炽灯时一般用 25 W 或 40 W 的灯泡；中型台灯的总高度为 400 mm ~ 550 mm。

建筑照明灯

建筑照明也称结构式照明装置，是指固定在天花板或墙壁上的线型或面型照明。通常有顶棚式、檐板式、窗帘遮板式以及光墙等多种。结构式照明一般都以日光灯管为光源，顶棚式为间接照明，檐板式为直接照明，其他多为半间接均匀散光。此种照明方式多被用作背景光或装饰性照明，需配合建筑物的结构要件做整体考虑。

以上各种灯具的种类及形状较多，在选购时，可根据各处居室的风格、功能及个人的爱好加以挑选。

如何选择灯具

造型

现代灯具的造型虽变化多端，却离不开仿古、创新和实用三类。一些珠光宝气的大吊灯、动物造型的壁灯、线条精细且装饰豪华的吸顶灯等，都是仿照 18 世纪宫廷灯具发展而来的。这类灯具适合用于空间较大的社交场合，能给住宅带来绚丽夺目的豪华感；另一些造型别致的现代灯具，如各种射灯、牛眼灯、嵌藏筒灯等都属于创新灯具；还有一类实用的，那就是平时的日光灯、三基色节能灯、书写台灯、落地灯、床头灯等都属于传统的常用灯具。这三类灯的造型在总体挑选时应尽量追求系列化，喜欢富丽堂皇的人应选第一类华而不俗的灯具，追求创新者可选第二类造型别致的灯具。而实用灯具是不可缺少的，在挑选时又要向上面的选择靠拢，因而现在的实用灯具也在向仿古和创新方向发展，呈现出两极分化的状态。

色彩

灯具的色彩要服从整个房间的色彩。因为灯具本身发光，其色彩就更引人注目，为了不破坏整个房间的整体色彩设计，一定要注意灯具的灯罩、外壳的颜色与墙面、家具、窗帘的色彩协调。这里需要说明的是，灯具散发的色光与物体颜色有区别，物体三原色红、蓝、黄等量混合为黑色，而色光三原色相加为灰色；物体蓝加黄为绿色，色光蓝加黄为黄绿色。装饰者可以自己实验，以色光加重室内某种色彩，这是比较高级的装饰手段。

风格

要根据自己的艺术情趣和居室条件来选择灯具。首先要根据居住条件选择。有客厅的家庭可以在客厅中多采用一些时髦的灯具，如三叉吊灯、花饰壁灯、多节旋转落地灯等。但住房比较紧张的家庭不宜装过于豪华花哨的灯具，因为这样会增加拥挤感。低于 2.8 m 高的房间也不宜装吊灯，只能装吸顶灯才能使房间显得高些。如在新住宅内装吊扇，那么一间房不能搞两个中心，这类房间的主灯可以用两种办法解决，要么在吊扇下面加装环形日光灯（有特定型的市售品，专门配吊扇的），要么在墙边窗帘框上方装一只 30 W ~ 40 W 的日光灯。

作为房间整体照明用的灯具被称为主灯，主灯可以挂在中央，也可以挂在一边，但其亮度要足以照亮整个房间。常用的主灯形式有吊灯、吸顶灯、靠壁日光灯、环形日光灯等。传统的将一只日光灯装在房间当中的做法虽然省电，却因样子不好看已被淘汰，但因日光灯的低耗高效，它仍是大多数家庭喜欢的照明灯具，只是用它照明时可以靠边放。一般 15 m^2 左右的房间，主灯的功率应为：日光灯 30 W ~ 40 W，白炽灯 100 W（可以由几只灯功率相加，也可由一只灯担当）。主灯的高度应接近房顶，不宜太低。现在比较流行的三基色高效灯，有直管形、U 形、双 H 形等，十几瓦的灯管相当于 70 W 的功率，发光效率很高，但光色似乎太冷，且外形也不够漂亮，故只能放在次要部位照明而不宜担任卧室、客厅等处的主灯。有的家庭把主灯设计为一只多叉吊灯，并采用 15 W 的蜡烛灯作为吊灯光源，这样当客人来时，即使把吊灯壁灯全开亮，室内还是很暗，有点舞厅、酒吧的味道，客人始终有一种压抑感而高兴不起来，原因是主灯没有起到给室内以光明的作用。局部照明的灯具，一般被称为辅灯。辅灯也和主灯一样，除了外形美的考虑外，还要注重它的照明效果。辅灯的形式很多，可以根据室内条件多设置一些。落地灯是沙发的伴侣，常用在会客区，这种灯关键在于灯罩的选择，现在市售品中确有一些很气派的，但这还需与室内布置相称。考虑到落地灯的长杆要占地方，现在落地灯正被一种新型的拉伸灯悄悄替代。这种拉伸灯不仅有漂亮的花式灯罩，还可在一定范围内随心所欲地停留，推高一点可以照亮全局，拉低一点只能照亮一圈。壁灯用得很广泛，其实壁灯主要是起一种微弱照明的作用。走廊、阳台、客厅都是壁灯的用武之地，但不宜乱装，更不宜在一间房间里装上几只。壁灯有两大类：一种为开敞式，前面遮几块茶色玻璃；另一种为封闭式，采用奶白或其他色彩的玻璃罩把光源全部封闭起来。前一种可在走廊等室内使用，而后一种可在浴室、阳台使用，但配灯时要考虑封闭性的灯罩会减弱亮度，故应配大一档。床头灯也是壁灯的一种，但由于位置固定，便成了专用的设备。灯罩的选择是床头灯的关键，这里是卧室最引人注目的地方，一定要选择与卧室格调一致的灯罩。台灯是辅灯中最常用的，至少孩子们每天做功课会用，这种一定要选专用的书写台灯，灯罩以橘黄色透明塑料的最好，灯泡可选 40 W 的白炽灯。至于非书写性台灯，那就应以造型美为主了，有花瓶台灯、仿古铜人台灯、动物台灯等，应尽量选用与所放处装潢格调一致的，以取得互相衬托的效果。市场上众多的牛眼灯、筒型嵌入灯均属暗灯，营造的是一种幽雅的暗淡气氛，仅适用酒吧区、视听区及走廊等处，它可减少平顶的压抑感，给人一种夜幕初降的朦胧感。射灯用于室内，集中照射某件摆设，以突出其装饰效果，也可用于厨房烹调照明，有独到的好处。至于能闪烁的节日串灯，只宜在过年过节时张挂，平时会使居室显得过于喧闹。

第 3 章
Chapter 3

照明设计组成
Components of Lighting Design

01

委托和契约——照明设计工作的前期管理

照明设计师的大多数工作是同建筑师和室内装饰设计师共同完成的，所以他们希望在建筑构思和基本设计的早期阶段就能够参与配合。从接受照明设计委托开始，首先要听取客户对照明空间的概要说明，客户可以是建筑师、建筑设计事务所、住宅公司、住宅开发商等。

设计业务前，先要仔细了解设计契约。从有关设计日程、设计范围、效果内容等的估价与设计费着手。照明设计费的计算方法往往因照明设计事务所不同而不同，这是因为有的是客户直接委托，有的是经过建筑设计事务所，或者经过照明厂商等中介才得到照明设计工作的。(图 3–1)

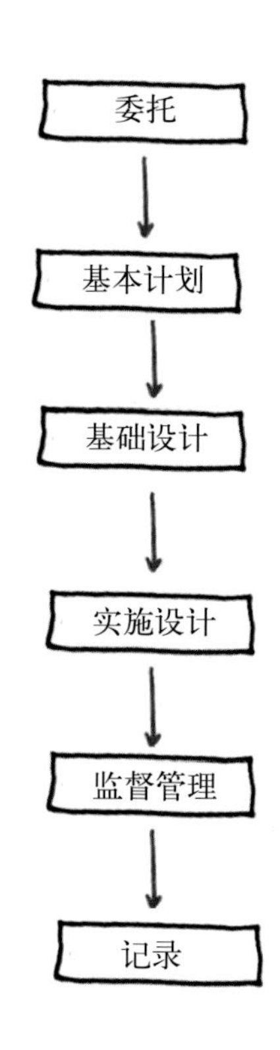

图 3–1

设计是一个线性过程。每个阶段逐渐变得更加详细。

02

基础设计——照明设计工作的开始

审查设计契约之后，照明设计师还要从平面图、剖面图、展开图、家具配置图等去理解建筑和室内设计。如从图纸上不容易理解空间的情况，就到相同情况的建筑单位了解，或者与客户亲自交流。随着照明效果形象的不断清晰，为了实现这一效果而进行选定、布置照明灯具等的概略设计。这样，基础设计也就基本完成。

接着进行光形象的视觉化。利用表现光散射和光强的展开图或平面图、照明效果照片、计算机模拟图、光的模型等技术，把引起客户兴趣的照明效果事先视觉化，尽可能使客户容易理解。当然，无论上述哪种方法都牵涉时间和费用问题。

为了尽可能节省设计费用，通常情况下，用参考实例照片的形象效果来选定照明灯具，也就是说用灯具照片按照灯具布置图进行灯具布置。将这些内容粘贴在大厚纸上成为照明纸板，常用于照明的预制之中。据说，如果这种作业熟练的话，制作一个住宅的照明纸板只需要半天，但是，只用这种方法还不能得出最后的照明效果。因为这里即使不是主要空间，也要尽可能在平面图和展开图上描绘光散射，不仅是灯具的外观，还要以深入研究光照效果的严谨姿态从事设计。

也可以用三维计算机绘图表现内装颜色和照明效果的关系。用计算机绘图改变视点，除了能够模拟灯具的大小和安装位置以外，还可以通过改变内装颜色和家具等使房间产生的变化一目了然。

另外，还可以通过调整照度分布和光源，求得在某种程度上的照明氛围。光是三次元的媒介，计算机绘图即使用三维描绘，终究也只是平面屏幕上的图像。因此，作为更加真实的照明设计方案的是光的模型。建筑、室内模型中用光源和光导纤维灯，提高了光的效果和气氛。模型的比例尺因建筑的种类和规模而异，一般多在 1/20 ～ 1/100 的范围之中。用苯乙烯板制作天花板和墙壁，另外，家具和室内装修材料用轻木、厚绒纸、聚苯乙烯泡沫塑料、布料等制作，还可到经营特殊灯具和工作用灯具的商店寻找作为光源的小型灯。

住宅主要的房间用 1/20 ～ 1/25 的比例尺比较合适。灯可以采用 20 盏串联，也可以采用 8 盏或 12 盏串联。另外，当高度和长度超过 100 m 的建筑物采用 1/100 以上的比例尺时，即使采用小型灯在模型上也是偏大，所以常使用 0.5 mm～1 mm 直径的光导纤维灯。如果比例尺是 1/20，且使用了超小型灯的话，只要知道其灯的光束（光通量）就可能接近实际的照度，而光导纤维灯的情况始终只是形象的。

照明模型能有效地展示照明氛围。如为一个起居室兼餐室的照明模型，设定几种不同天花板面的照明，可以观察几种不同的照明效果。天花板照明以外还配置了槽灯照明和台灯，还可以观察它们点灯和熄灯时改变氛围的景象。若再配置了情景记忆调光器，就可用渐淡功能缓慢地改变光的变化。把这种照明模型拿给客户看，即使模型与空间规模和室内陈设物件完全不同，由于室内的各种照明，也会给客户实际感受，客户与光的沟通会产生巨大效果。

虽然照明模型有助于照明气氛的展示，但是搬运模型是非常辛苦的。由于模型的主要部分是由苯乙烯做成的，非常容易破损。所以，以防万一，有必要录像后再进行搬运。照明模型设计完成后还有一项重要的工作要做，就是用自己的眼睛目测确认一下照明效果与设计时的尺寸是否相符。做住宅照明设计，可以把自己的家作为实验室，只要有几盏灯具和一些灯泡就可以进行。

在必要的视觉化形象实验之后，接着就要为实现其照明效果研究选定灯具，并为其配置与灯具关系最佳的照明方式。在住宅照明上，几乎可以说是指整体照明和局部照明。整体照明主要是指安装在天花板上的灯具用等间隔配置，从而得到整体照度。灯具多为筒灯，也有用一盏或两盏大型吸顶灯使整个房间明亮，从而得到整体照明的情况。局部照明是指只是照亮用餐、读书、烹调等生活场所的照明。灯具要安装在距离生活部分比较接近的位置，多使用台灯和吊灯。虽然有以整体照明为主体的房间或以局部照明为主体的房间，但在多功能空间里要力求合并使用这些照明方式。

另外，还可以把工作照明和环境照明方式应用于住宅的厨房、书房、卫生间、起居室等处。当以槽灯和火炬形落地灯作为环境照明时，要选择能够得到 3 到 10 倍作业面照度的局部照明灯具作为工作、环境照明。

照明设计师希望能把现场的照明效果作为资料进行摄影。要拍竣工照片时，一定会营造辉煌璀璨的照明空间，正像对明亮敏感的客户，有更加明亮的需求。无论如何要用明暗对比营造有效的照明环境，特别是住宅，对生活在其间的人们来说，能带来良好心情的光环境，比一个表面看起来好的空间更加重要。这不仅要考虑房间的整体照明，还要考虑住宅里人们的生活习惯等诸多因素，所以，以整体照明为照明设计的重点是无可非议的。只要一般生活者不改变有关照明的意识和对明亮的关注，让向明亮一边倒的住宅照明设计现状改弦易辙是很难的。

照度计算有粗略地计算和精确地计算两种。例如，假设像住宅那样整体照度应该在 100 lx 的情况，而即使是 90 lx 也不会对生活带来很大的影响。但是，如果是道路照明的话，情况就不同了。假设路面照度必须在 20 lx 的情况下，如果是 18 lx 的话，就有可能造成交通事故频发，商店也是一样。例如，商店的整体最佳照

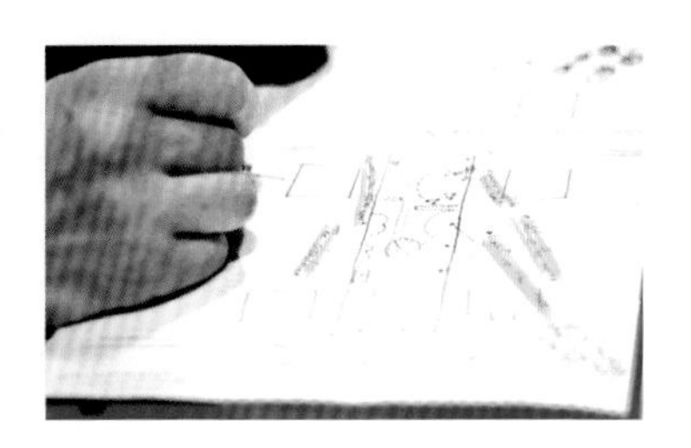

图 3-2　在建筑图上标注灯具位置

度是 500 lx，由于用 600 lx 的照度，照明灯具的数量和电量就会增加，并在经济上造成影响。

无论是哪一种照度计算都是重要的。虽然只是粗略地估算，但也会有 20% ~ 30% 的误差。

计算地板、桌面、作业台面的平均照度可以用下列基本公式进行：

照度 (lx) = 光通量 (lm) / 面积 (m^2)，即平均 1 lx 的照度，是 1 lm 的光通量照射在 1 m^2 面积上的亮度。

用这种方法求房间地板面的平均照度时，在整体照明灯具的情况下，可以用下列公式进行计算。

平均照度 =1 盏灯的光通量 × 灯盏数 × 照明率 × 维护系数 × 地板面积

灯的光通量因灯的种类各异而不同。照明率是指从照明灯具放射出来的光束有百分之多少到达地板和作业台面，所以，照明率与照明灯具的设计、安装高度、房间的大小和反射率的不同相关。维护系数是指伴随着照明灯具和灯泡的使用时间，亮度降低，或由于房间尘埃致使照度降低而乘上的系数。住宅用灯具主要为白炽灯和荧光灯，它们的维护系数大约在 0.75 ~ 0.85。只要知道了照明率，用简单的计算公式就可以求得平均照度。

客户对照明预算是非常关心的。在基本设计阶段，花费多少照明灯具费，即使是概算他们也想知道。一般在设计的开始阶段，用占建筑总工程费的百分比来概略地计算出照明灯具费，这个百分数因建筑的内容和规模，以及各国的国情不同而不同。

照明灯具费与附加的安装费、布线工程费、初期花费等叫基本建设费。相对于基本建设费的每年的电费、灯泡更换人工费、清洁费、修缮费等附加的竣工后的花费叫维护费。像荧光灯和 HID 灯那样的照明灯具购买 1 次可以使用 8 年至 10 年以上，所以，10 年的维护费比基本建设费要高，这一点也要加以考虑。(图 3-2、图 3-3)

灯光照度模拟 - 伪彩图

模拟计算机空间的照度情况

图 3-3

03

实施设计——照明设计工作的过程

基本设计完成之后，开始进行实施设计。根据物件的不同，工期长达 5 年以上的大型设计也是有的。

在这期间，灯泡与照明灯具的技术不断发展，对基本设计中所提出的有些内容有必要加以更改。但是，包括公共建筑在内的大型设计中，由于有众多的设计师参加诸如结构、设备等内容的设计，出于对预算等因素的考虑，客户是不能轻易接受大规模的更改的。因此，横跨时间很长的物件，应尽可能在基本设计阶段就考虑使用先进的光源和灯具。在建筑物施工进展的过程中，随着照明对象规模的增大，应在适当的时期对现场的部分照明效果进行实验。实验可以发现图纸上不能形象表现的各种问题。为了避免发生事后的各种矛盾和纠纷，尽管照明效果实验需要花钱，但它是实施设计中的一项不可缺少的重要工作。（图 3–4）

图 3–4

由于住宅和商店的设计施工期比较短，基本设计完成之后，紧接着实施设计。有时，它们之间似乎没有什么明显的区别，但在实施设计中，会出现许多基本设计中考虑不到的问题。例如，由于建筑构造上的问题，会引起灯具安装困难问题，需要重新考虑配置灯具；另外，由于建筑设计和内装修的变更，照明灯具也不得不重新考虑；还有，因预算减少而发生灯具种类变更等，都是实施设计中常见的问题。实际上，在这个阶段会有各种各样的问题发生，一些区域无法采用最佳方案，但往往不能提出变更请求，而是现场任意改变灯具种类和安装位置。当然，因情况有变而改变灯具是可以理解的，但等到了竣工现场才明白原委，这就使人们因得不到形象的照明效果而追悔莫及。（图 3–5）

图 3–5

现如今，一般墙壁和地毯等内装修材料都有样本夹在商品介绍上，直接观察样本，其好坏在某种程度上是可以确认的。但是，照明灯具就不同了，直接观察比较困难，而照明设计师几乎都是在看了商品介绍上的照片和规格之后从中选择的，直接去一个个照明厂家和灯具陈列室、灯具商店来确认灯具的设计和照明效果的可以说是极少数。

住宅的设计师应尽可能同客户一起到灯具商店等地确认灯具的设计和照明效果，如果设计师对客户用的灯具设计和有关光的偏好比较重视的话，那是再好不过了。实际上，在看到照明灯具实物后，客户就会进一步了解灯具的尺寸、质感、细部结构等商品介绍上灯具照片所不能注意的地方。但是，灯具商店也并不能完全展示客户所需要使用的照明灯具。首先，想要了解的灯具并不一定处于点灯的状态；其次，我们所能看到的使用灯具大都是与其他灿烂辉煌的照明灯具一起展示，因此，在其他光线的干扰下，想要正确形象地把使用灯具的照明效果表现出来是非常困难的。然而，照明是无处不有的。作为照明设计师要尽可能地多看一些新型宾馆和公共建筑等设施，从而了解不同场所照明灯具的设计和手法。如果平时多关心照明，观察各种各样的照明空间，就会掌握有关自然与照明的信息，培养有关照明效果的感觉。难怪在日本有人说，“照明家走路时眼睛是向上看的”。照明灯具大多都是安装在天花板上的，而如今，地面上也有了灯光。

照明灯具的能见度，在重视照明灯具所发出的光对室内的影响时，其关系可以用简单的实验加以确认。例如，天花板、墙壁、地板等面的倾斜照射的间接照明，强调了内装修材料的颜色、质感、做工，会给视觉印象带来很大差异。因此，要把准备好的内装修材料样本在光的照射下加以观察。例如，用光色与显色性不同的 20 W 直管型荧光灯以及夹接式射灯等几种投光用灯，就会得出各种各样的照明实验效果。

04

监督管理——照明设计工作的过程

照明灯具安装完毕后，要进行现场点灯确认。对布置灯具所在的位置进行布置配线检查的意义在于是否按照设计要求进行灯具排布。本来能确认点灯是件好事，但这一过程往往被人们认为是多余的。

住宅里照明灯具的安装高度或位置即使是相差 10 cm，也会对空间印象和房间气氛带来不小的改变，导致不能达到预期的照明效果。因此，照明设计师在竣工现场要审查照明效果与设计阶段时的形象内容有多少差异。

照明灯具有固定安装型和非固定安装型。不过，即使是固定型安装灯具，也有的在安装之后可以调节改变光的角度、散射、亮度等。一般像筒灯那样的固定安装型灯具，一旦安装之后，灯具就不能移动。但是，像可调节型和眼球形那样的筒灯，是可以调节改变照明的照射方向的。另外，像台灯和滑轨式射灯，由于是非固定的，有插座和滑轨，所以，谁都可以对其进行简单的移动。为了使空间气氛和照明效果接近设计时的形象，调节光是非常必要的，这包括调焦和校准，都是设计管理中非常重要的工作。

商店、美术馆、宾馆等多使用射灯、可调节型筒灯，还有程序调光设备的引入，是调焦必不可少的工具。光线恰到好处地照射在绘画、观叶植物、商品等物体上时，会把它在空间里的美显露出来，与调焦之前相比是完全不同的景色，所以，住宅中重视表现效果的房间里也多选用非固定安装型灯具。

05

记录存档——照明设计工作的完成

经过调试，最后，得到客户确认之后，要把现场拍摄下来。尽可能把所测量的照度之类的数据记下，作为下次工作参考之用。将照明灯具、更换灯泡等必要的维护资料交给客户，因为维护不善会导致照明效果减弱、灯具寿命减短。

以上是照明设计师设计的大概过程，也许对于我们今后的设计工作来讲，有一定的参考价值。照明设计师的能力是因人而异的，要想取得更好的成果，就要努力勤奋地工作，这一点应该是我们永远追求的。

第 4 章
Chapter 4

照明管理系统

Lighting Management System

01

电气照明系统

照明管理系统主要针对照明设备的电力和电器进行控制管理，方便人们更好地使用照明设备，同时也可以满足不同的灯光效果与氛围需要。

随着科技的进一步发展，照明管理系统将越来越强大，各式各样的管理系统将进入人们的生活。（图 4–1）

照明控制管理不仅可以使照明适应视觉的要求，也可以使它的形状和结构产生不同的效应。灯光场景很容易建立，可使用控制的软件，通过接口或是无线进行控制，包括光的颜色和空间，不同的透视情况都可以使其具有动态的照明效果。照明控制系统的传感器或时间计划也有助于调整一个空间里的使用功耗，从而优化照明系统的经济效益。

图 4–1

电气系统

电气设计的基本要求

安全——力求把人身触电和设备损坏事故降低到最低限度；可靠——确保供电的不间断性，满足负荷要求；经济——尽可能降低投资和运行费用；便利——设施安装应考虑使用、维护的方便；美观——应尽量不要损坏建筑物的美观；发展——以近期建设为主，适当考虑发展的可能性。

电气设计的主要任务

正确选择供电电压、配电方式，确保照明设备对电能质量的要求；进行负荷计算，正确地选择导线，控制与保护电器；选择合理、方便的控制方式，以便照明系统的管理、维护和节能；选择合理的保护方法，确保照明装置和人身的电气安全；尽量减少电气部分的投资和年运行费。

电气设计步骤

1. 收集原始资料，确定电源情况、负荷对供电的要求；

2. 确定供电电源，选择供电电压；

3. 确定配电系统，划分配电分区，确定网络接线方式；

4. 确定控制方式，即灯具的控制形式（开关数量和安装位置）；

5. 确定保护措施，包括短路、过负荷、单相接地保护；

6. 进行线路计算，计算负荷、电流、电压损失，保护整定；

7. 选择电线（缆）型号、截面及敷设方式；

8. 确定计量方式，电能计量与其他用电统一考虑。

照明对电源电压质量的要求

1. 电压偏移，是在某一时段内，电压幅值缓慢变化而偏离标称值的程度。

电压偏移对照明的影响：

正偏移→电压↑（$>U_n$）→寿命↓

负偏移→电压↓（$<U_n$）
- 光通量↓→照度↓
- 多次启动→寿命↓

GB50034−2004 规定，灯具的端电压不宜大于其额定电压的 105%，亦不宜低于其额定电压的下列数值：一般工作场所——95%；远离变电所的小面积一般工作场所——90%；应急照明和用安全特低电压供电的照明——90%。

2. 电压波动，是在某一时段内，电压幅值急剧变化而偏离标称值的程度。

电压波动对照明的影响：

电压波动→光通量变化→产生闪烁→刺激眼睛→照明质量↓

电压骤降→气体放电灯自熄→无法正常工作（再启燃时间长）

不同光源正常工作最低电压：荧光灯是 160 V；高压钠灯、金卤灯是 183 V ~ 190 V。

对电压波动允许值的限制：

当电压波动值$<U_n 1\%$时，波动次数不受限制

当电压波动值$>U_n 1\%$时，1 小时内允许的波动次数为 n

$$n=\frac{6}{V_t-1}$$（V_t 即电压波动百分数绝对值）

改善电压质量的措施

照明宜与较大功率冲击性电力负荷接自不同变压器，若与电力负荷接自同一变压器时，照明应由专用供电线路供电；照明与冲击性负荷共用配电线路时，应合理减少系统阻抗；无窗厂房或工艺设备对电压质量要求较高的场所，宜采用有载自动调压变压器；合理采用无功功率补偿措施，有效地降低系统的电压降落；分配单相负荷时，应尽量做到三相平衡。

照明对供电可靠性的要求

照明负荷分三级。

一级负荷：符合下列条件之一者，在中断正常照明时造成人身伤亡、重大的政治影响、重大的经济损失及公共场所秩序严重混乱。需要注意的是，一级负荷中符合下列条件之一者为特别重要负荷：发生爆炸、火灾及严重中毒事故等场所，特别重要的交通（通信）枢纽、国家级建筑（国宾馆、会堂等），影响实时处理计算机及计算机网络正常工作。

二级负荷：符合下列条件之一者，在中断正常照明时造成较大的政治影响、较大的经济损失及公共场所秩序混乱。

三级负荷：不属于一、二级负荷的照明负荷均属于三级负荷。

照明负荷对电源的要求

一级负荷：普通一级负荷需要两个独立电源供电；特别重要负荷，除两个独立电源外，还必须增设应急电源。

二级负荷：两个电源供电。

三级负荷：单个电源供电。

照明供电方式

正常照明的供电方式

1. 三级照明负荷 (图 4–2 ~图 4–5)

照明与电力共用变压器 (一台)

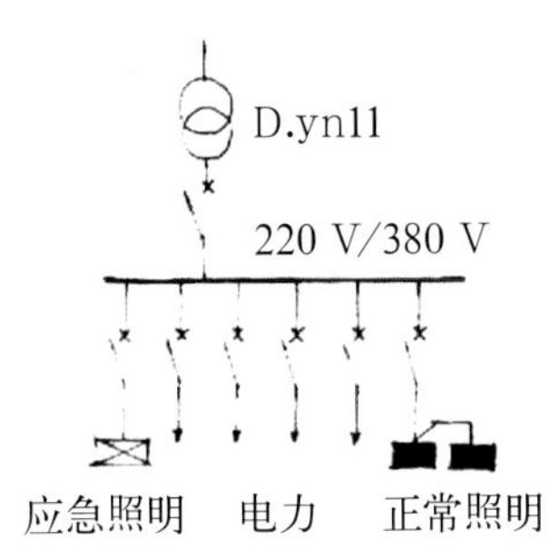

图 4–2

照明接自变电所低压总断路器之后，且与电力在母线上分开。

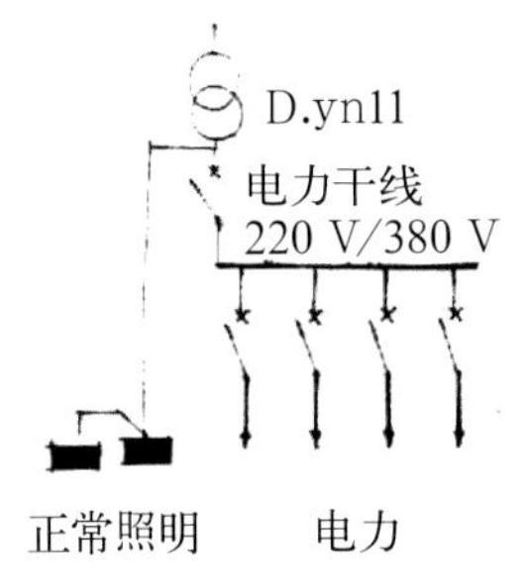

图 4–3

正常照明接自变电所低压干线总断路器前。

外部线路供电

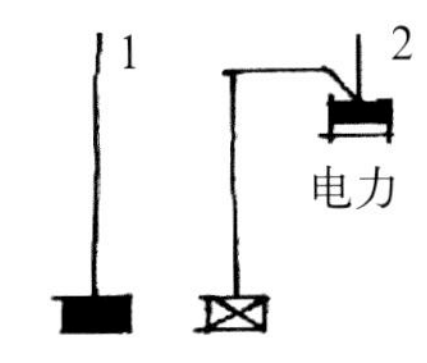

图 4–4

照明与电力分线路供电，适用于不设变电所的较大建筑物。

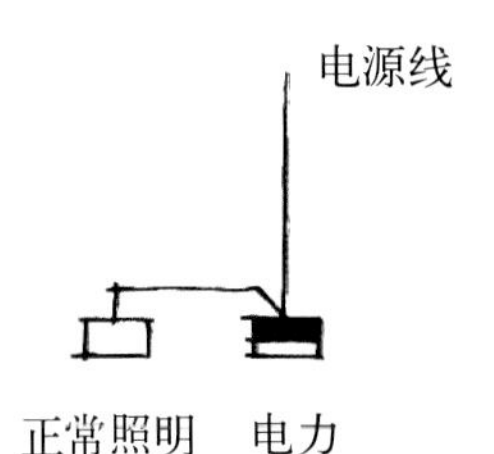

图 4–5

照明与电力合用供电线路，适用于较小的建筑物。

2. 二级照明负荷 (图 4–6、图 4–7)

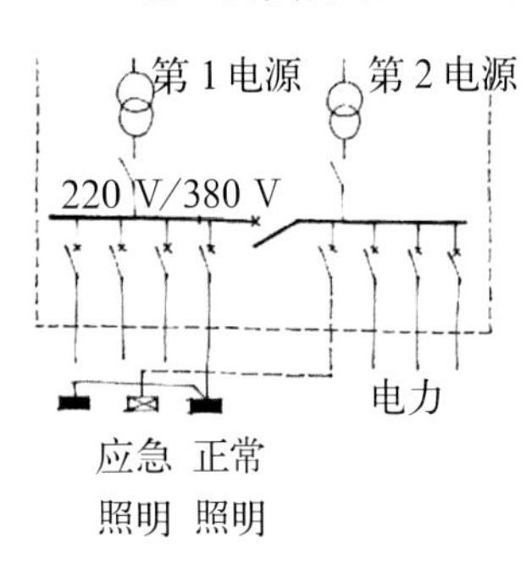

图 4–6

电源来自双变压器变电所，两台变压器的电源是独立的，设有联络开关。照明电源接自变压器低压总断路器后，当一台变压器停电时，通过联络断路器接到另一段干线上。

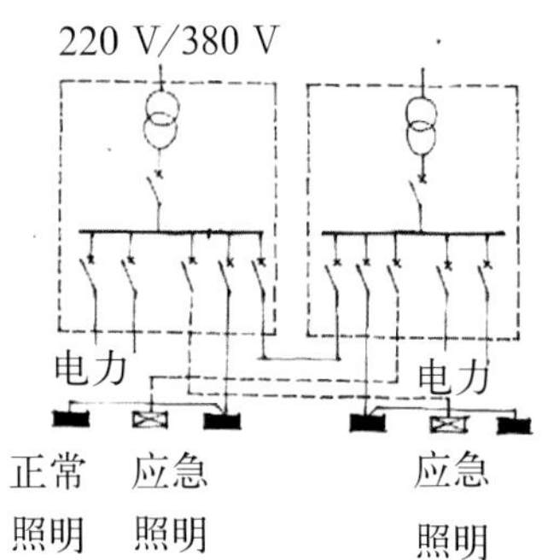

图 4–7

电源来自两个单变压器变电所，且两个变压器电源是相互独立的高压电源。照明与电力在母线上分开供电，应急照明由两台变压器交叉供电。

3. 一级照明负荷 (图 4–8、图 4–9)

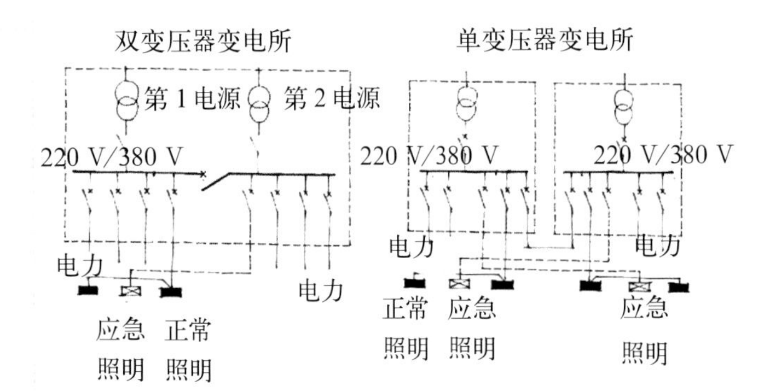

图 4–8

照明电源来自双变压器变电所，两台变压器电源是独立的，设有联络开关。照明电源接自变压器低压总断路器后，当一台变压器停电时，通过联络断路器接到另一段干线上。

图 4–9

电源来自两个单变压器变电所，且两个变压器电源是相互独立的高压电源。照明与电力在母线上分开供电（各带一半照明负荷），应急照明由两台变压器交叉供电。

4. 特别重要照明负荷（图 4-10、图 4-11）

第三电源为自启动发电机

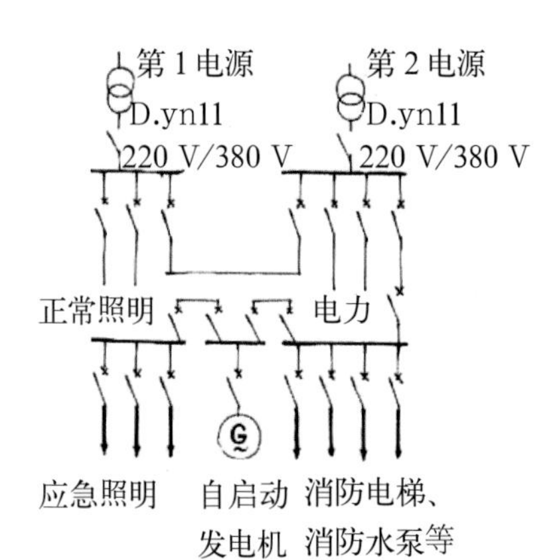

图 4-10

两路独立电源，照明专用变压器，由自启动发电机作为第三独立电源。

第三电源为蓄电池或 EPS 等

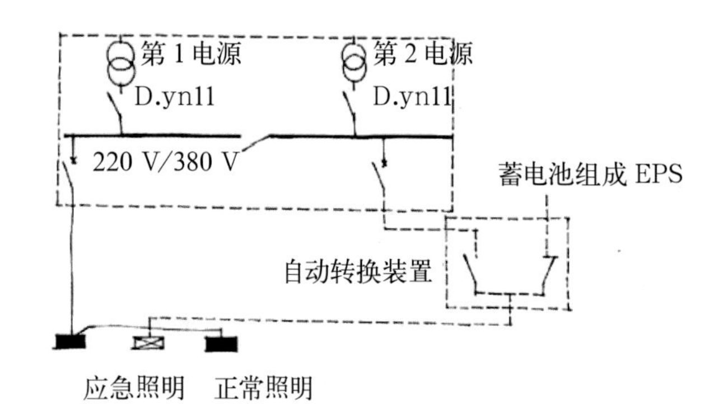

图 4-11

电源来自双变压器变电所，两台变压器的电源是独立的，设有联络开关。照明电源接自变压器低压总断路器后，当一台变压器停电时，通过联络断路器接到另一段干线上；由蓄电池组或 EPS 作为第三独立电源。

应急照明的供电方式

1. 应急电源的种类及特点

接自电力网有效地独立于正常照明电源的线路：经济、持续时间长。

蓄电池组，包括灯内自带蓄电池、集中设置或分区集中设置的蓄电池装置：包括 EPS 等装置，可靠性高、转换快，但持续时间短。

应急发电机组：持续时间较长、转换时间较长。

以上任意两种方式的组合。

需要注意的是，应急电源应满足应急照明的可靠性要求。

2. 应急电源选取

(1) 根据建筑物的实际电源条件选取：

若有接自电网的第二电源时，应优先采用此形式；

若为消防等设置发电机组时，宜采用此形式；

若不具备电网或发电机组时，应采用蓄电池组；

对于重要场所，也可采用以上三种方式中任意两种组合。

(2) 根据建筑物的使用要求选取：

蓄电池作为疏散标志电源——可靠性高；

电力网线路或蓄电池作为安全照明电源——转换时间短；

电力网线路或发电机组作为备用照明电源——持续工作时间长。

照明供电网络

照明供电网络的组成

照明供电网络的组成如图 4-12 所示。

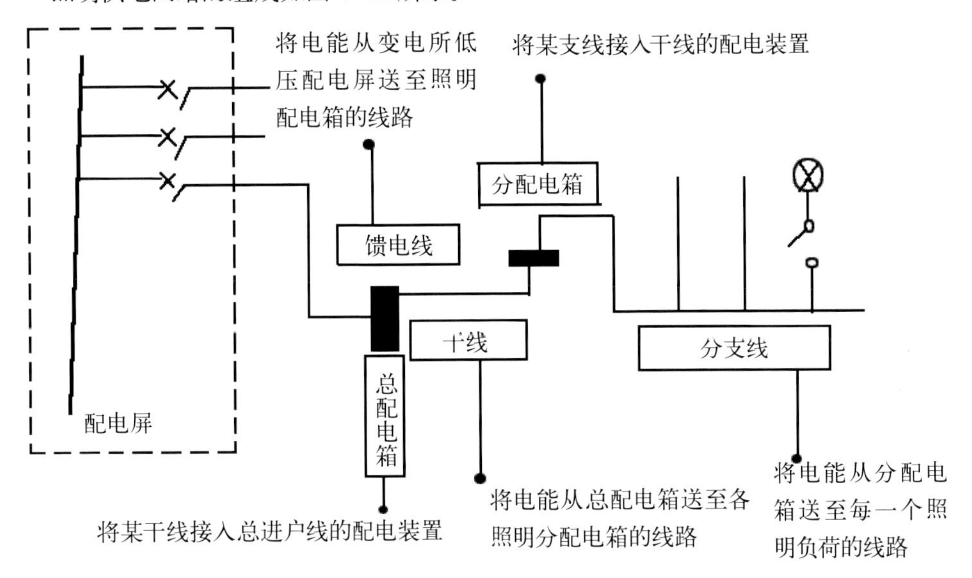

图 4-12

照明供电网络的接线形式（配电方式）

照明供电网络常用以下三种连接形式。(图 4-13)

放射式：各负荷独立受电，可靠性高，但建设费用高，用于重要照明负荷。

树干式：结构简单、经济，但干线故障时影响范围大，可靠性差，用于一般照明负荷。

混合式：放射式与树干式混合运用，具有两者的优点，照明负荷应用最普遍。

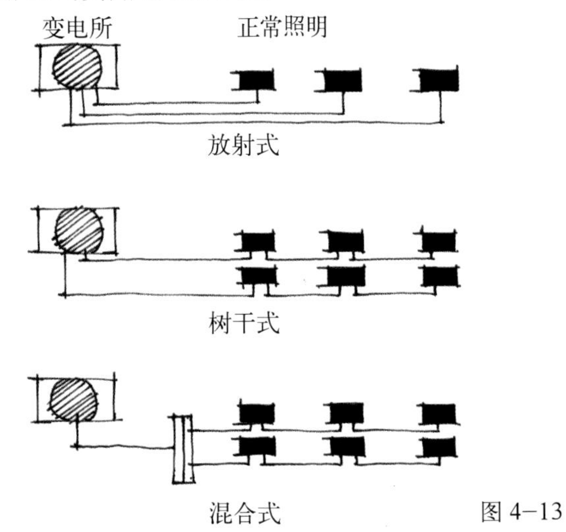

图 4-13

照明供电网络电压的选择

1. 一般灯具：一般照明光源的电源电压应采用 220 V，对于大功率（1500 W 及以上）的 HID 灯，若有 220 V 和 380 V 两种电压时，宜采用 380 V（可降低损耗）。

2. 移动、手提式灯具：用安全特低电压供电。目前我国常用于正常环境的手提灯电压为 36 V，在不便工作的狭窄地点，且工作者接触有良好接地的大块金属面时，用电压 12 V 的手提灯。此外，在干燥场所的电压值不大于 50 V，在潮湿场所的电压值不大于 25 V。

在电压选择时要注意以下几点：特低电压配电系统中，电源电压及设备额定电压不应超过此限值；民建中安全电压分为安全特低电压 SELV 和保护特低电压 PELV；用 SELV 时，其降压变压器的初级和次级应被隔离，次级不做接地保护，以免高电压侵入特低电压（50 V 及以下）侧而导致危险发生。

照明供电网络的接地形式

1. TN 系统：电源中性点 N 直接接地、设备外露可导电部分与 N 点直接电气连接的系统。

（1）TN-S 系统：设备外露可导电部分通过 PE 线与 N 点连接。（图 4-14）

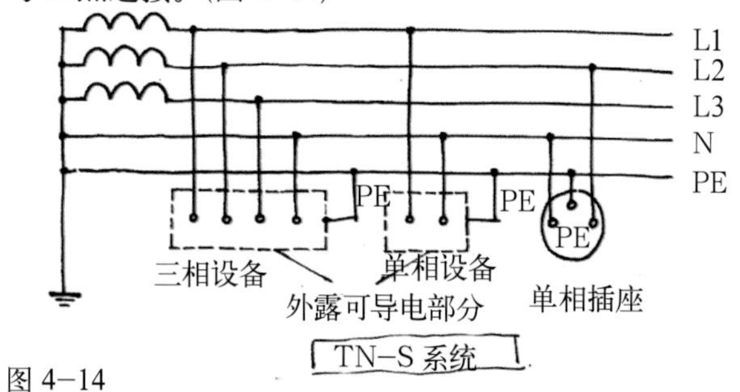

图 4-14

（2）TN-C 系统：N 线与 PE 线合一——PEN 线。（图 4-15）

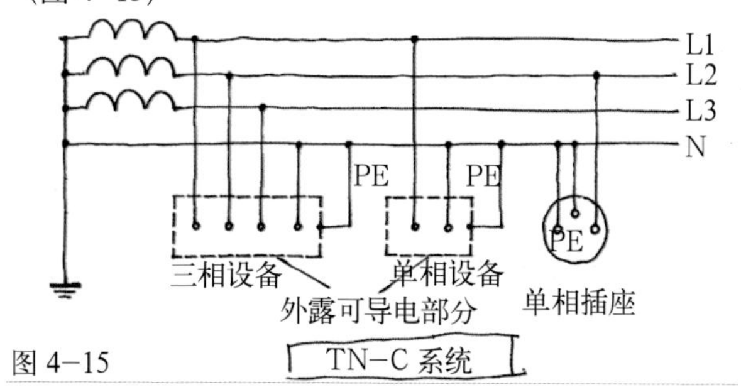

图 4-15

（3）TN-C-S 系统：系统前半部分为 TN-C、后半部分为 TN-S。（图 4-16）

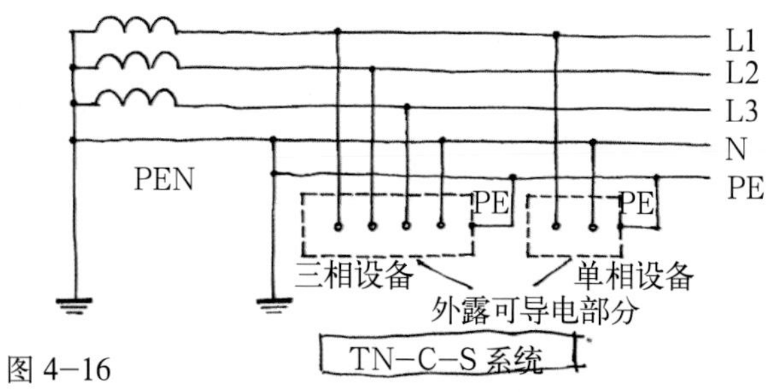

图 4-16

2. TT 系统：电源中性点 N 直接接地、设备外露可导电部分直接接地的系统。（图 4-17）

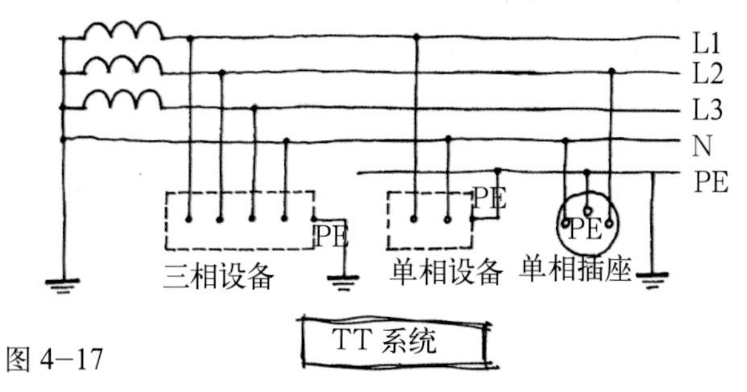

图 4-17

照明供电网络的设计原则

1. 三相照明配电干线的各相负荷宜分配平衡。最大相大于或等于三相平均值的 115%，最小相小于或等于三相平均值的 85%。

2. 配电箱宜设置在负荷的中心。分支回路的长度为三相 220 V/380 V 线路大于或等于 100 m，单相 220 V 线路大于或等于 35 m。

3. 室内每一条分支回路，其为一般灯具时电流大于或等于 16 A，为组合灯具时电流大于或等于 25 A，为 HID 灯具时电流大于或等于 30 A。所接光源数：一般大于或等于 25 个，连接建筑组合灯具时大于或等于 60 个。

4. 插座回路应装设剩余电流动作保护器，且插座与照明宜接于不同分支回路，每一分支回路数量不大于 10 个（组）。用于计算机电源的插座数量不宜超过 5 个（组），并应用安全型剩余电流动作保护装置。

5. 疏散照明和备用照明回路不应设置插座。

室内照明灯具控制方式的选择

1. 公共、工业建筑的走廊、楼梯间、门厅等场所的照明，宜用集中控制，并按建筑使用条件和天然采光等采取分区、分组控制措施。

2. 体育馆、影剧院、候机厅、候车厅等场所的照明宜用集中控制，并按需要采取调光或降低照度的控制措施。

3. 旅馆的每间（套）客房应设置节能控制型总开关。

4. 居住建筑有天然采光的楼梯间、走道的照明，除应急照明外，宜采用节能自熄开关。

5. 每个照明开关所控光源数不宜太多，每个房间灯的开关数不大于 2 个（只设一个光源的除外）。

6. 房间或场所装设有两列或多列灯具时，宜按下列方式分组控制：所控灯列与侧窗平行；生产场所按车间、工段或工序分组；会议、多功能厅及多媒体教室等场所，按靠近或远离讲台分组。

7. 有条件的场所，宜采用下列控制方式：天然采光良好的场所，按该场所照度采用自动开关灯或自动调光；个人使用的办公室，用人体感应或动静感应等方式自动开关灯；旅馆门厅、电梯大堂和客房层走廊等场所，采用夜间定时降低照度的自动调光装置；大中型建筑，按具体条件采用集中或分散的、多功能或单一功能的自动控制系统。

照明配电设备

照明配电箱

功能：线路的过载、短路保护以及线路的正常转换。

结构：一般为封闭式箱结构，悬挂或嵌入式安装；装有电器元件（微型断路器、漏电开关、电度表、负荷开关）、N 线和 PE 线、汇流排；多采用下侧或上下两侧进出线方式。

选择：通过负荷性质和用途确定箱的种类（照明箱、计量箱、插座箱）；控制对象负荷电流、电压及保护要求，选择开关电器（容量和电压等级）；观察负荷管理区域，确定回路数（留有 1 ~ 2 个备用回路）；结合环境、场合要求，确定结构（明 / 暗装）、颜色及外壳防护等级（防潮、防爆等）。

安装：设在负荷中心，底边距地（楼）面高度为 1.4 m。

插座（图 4–18）

种类：单相、三相，明装、暗装，防溅、防尘……

规格：电压等级 220 V ~ 250 V，额定电流为 10 A、13 A、15 A、16 A……

安装：一般距地 0.3 m ~ 0.5 m，幼儿园等场所距地 1.8 m，空调插座距地 1.8 m。

开关

种类：拉线、翘板，明装、暗装，单联、双联；单控、双控；防水、防爆……

规格：电压等级 220 V ~ 250 V，额定电流 3 A ~ 10 A。

安装：与所控的灯相对装于门旁时距门框 0.15 m ~ 0.2 m，拉线开关距顶棚 0.2 m ~ 0.5 m，翘板开关距地（楼）面 1.3 m。

图 4–18　常用开关插座面板

导线、电缆的敷设与选择

导线的敷设

明敷设：用瓷珠、瓷瓶跨或沿屋架敷设，用夹板、铝皮卡及槽板沿墙、顶棚或屋架敷设，穿管或放于电缆桥架内敷设于墙壁、柱子、顶棚的表面及桁架、支架等处。

暗敷设：适用于建筑物内的照明及电力线路的配线。绝缘导线穿电线管、水煤气管（焊接钢管）、硬质塑料管或难燃塑料电线套管，埋入墙、地坪内或敷设在顶棚内。

管配线的一般要求

管内导线不许有接头、死扣或绝缘损坏后用胶布包扎。

导线最小截面不低于：铜线为 1.5 mm^2，铝线为 2.5 mm^2。

耐压等级不低于 500 V。

管路暗敷设宜沿最短路线，并应减少弯曲和重叠交叉，当管路过长时应加装中间盒。

管径的选择

两根绝缘导线穿于同一根管，导线外径之和不大于管内径的 1.35 倍（立管可取 1.25 倍）。三根以上绝缘导线穿于同一根管，穿管导线的总截面积（包括护套）不大于管内截面积的 40%。

可共管的导线

同一回路的所有相线和中性线；同一照明方式且线路走向相同的不同支线，但管内导线不大于 8 根；同一设备及生产上有连锁关系的不同设备的所有导线；各种电气设备的二次回路导线。

不可共管的导线

不同电压等级、不同回路、不同电能表、不同照明方式的导线；交流与直流。

电缆的敷设

明敷设：用支架、托盘、电缆桥架、吊索等方式。

电缆沟敷设：电缆在 6 ~ 18 根时，多采用电缆沟敷设方式；电缆沟内预埋金属支架（单侧或双侧，分层）。

直埋敷设：电缆在 6 根以内时，建筑工程多用直埋敷设方式。

导线和电缆类型的选择

1. 导体材料的选择

（1）基本原则

贯彻“以铝代铜”的方针，在满足线路敷设要求的前提下，优先选用铝芯导线和电缆，但下列场所应采用铜芯导线或电缆：

①有爆炸危险的场所、有剧烈振动的场所；

②重要的民用公共建筑；

③室内穿管暗敷设。

（2）GB50034–2004 规定：照明配电干线和分支线应采用铜芯绝缘电线或电缆。

2. 绝缘及护套的选择

（1）绝缘及护套材料：塑料、橡皮、氯丁橡皮。

（2）绝缘及护套的选择：考虑敷设方式、环境条件及经济性。

（3）外护层及铠装的选择：考虑敷设方式、环境条件及经济性。

3. 常用导线和电缆型号

导线：BLV、BLVV、BV、BVV、RVV、RVS 等。

电缆：VV、YJV、ZRVV、VV22 等。

各种电线、电缆型号的含义：

R——连接用软电缆（电线），软结构；

B——平型（扁形）；

S——双绞型；

VV22——聚氯乙烯护套钢带铠装；

YJ——交联聚乙烯绝缘；

V——聚氯乙烯绝缘或护套；

L——铝芯；

ZR——阻燃型；

NH——耐火型；

WDZ——无卤低烟阻燃型；

WDN——无卤低烟耐火型。

4.《民用建筑电气设计规范》（JGJ16–2008）规定

导体的绝缘类型应按敷设方式及环境条件选择，并应符合下列规定：

（1）一般工程中，在室内正常条件下，可选用聚氯乙烯绝缘护套的电缆或聚氯乙烯绝缘电线。有条件时，可选用交联聚乙烯绝缘电力电缆和电线。

（2）对一类高层建筑以及重要的公共场所等防火要求高的建筑物，应采用阻燃低烟无卤交联聚乙烯绝缘电力电缆、电线或无烟无卤电力电缆、电线。

02

照明控制系统

“黑夜给了我黑色的眼睛，我却用它寻找光明。”人是怕黑的动物，所以人类制造光源、照明设备来赶走黑暗。

人类最早接触的照明光源是雷电与火，由于雷电无法控制，人类转而控制和保留火种。控制火以提供光、热是人类早期伟大的成就之一。人类所使用的第一堆篝火，就是先民们发现的第一个照明光源。天亮了，掐灭火把，这就是最原始的照明控制。（图 4-19）

图 4-19

大约在公元前 3 世纪，出现了蜜蜡，这成为蜡烛的雏形。之后又经历了动物油灯、植物油灯、煤油灯的时代。用针挑亮灯芯，这就是最原始的调光控制。这种用火提供照明的方式绵延了几千年，直至电灯的出现，一个有着几千年技术文明的历史才在 19 世纪开始转变。（图 4-20）

图 4-20

照明控制起源

1881 年，伦敦萨沃伊剧院安装了世界上第一个电力照明系统，利用超过 1150 个灯来照亮舞台和观众席。（图 4-21）

图 4-21　伦敦萨沃伊剧院

最早的一个记录调光器是威伍兹的“安全调光器”，发表于 1890 年。在此之前，调光器有可能引起火灾。

1903 年，Kliegl 兄弟在纽约大都会歌剧院安装了有 96 个用于舞台灯光的电阻调光器的电力照明系统。（图 4-22）

图 4-22　纽约大都会歌剧院

可变电阻器调光是最早出现的调光方法，通过在白炽灯照明回路中串接一只大功率可变电阻器，调节可变电阻器，就可以改变流过白炽灯的电流值，从而改变灯光亮度。这种调光方式在交直流电源回路中都可使用，并且不会产生无线电干扰，但由于可变电阻的功耗高、发热大，导致系统的效率很低。

如图 4-23，在照明电路中由一个可变电阻作为 Dimmer 进行调光，其分压原理是让电能不完全用在灯具（电器）上，没有效率可言。调暗灯光时，调光电阻因分压过多而产生大量的热能，造成能源的浪费和环境的劣化。

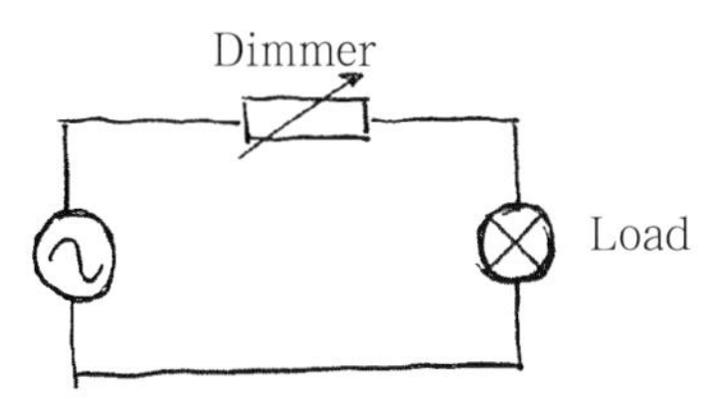

图 4-23　可变电阻器回路图

图 4–24　路创电子的调光器和接线示意

1956 年，美国贝尔实验室发明了晶闸管，即可控硅；1957 年，美国通用电气公司开发出第一只晶闸管产品，并于 1958 年将其商业化，开辟了电力电子技术迅速发展和广泛应用的崭新时代。

仅仅在两年后，乔尔·斯培拉（Joel Spira）先生于 1960 年发明了世界上首个旋钮式电子调光器，从此改变了整个照明控制行业的发展。1961 年，他在美国成立路创电子并将其发明推出市场。由于电子调光器大小如墙面开关，并可节省电力，故大受欢迎，迅即取代旧式的调光器。从此，一般家庭都可在墙上安装这种既省电又纤巧的调光器，家居照明的面貌因此而改变。时至今日，这种旋钮式电子调光器仍可见于部分家庭。它们的接线非常简单，只要把调光面板串接在接灯的火线上（有的也接零线），旋动旋钮就可以调节灯泡亮度了。（图 4–24）

调光的本质是相位控制器暂时切断输入电压来减少向光源输入的功率。因为每一次切断输入电流都发生在交流正弦波中，它们也被称为“前沿切向调光器”，除了家庭用外，现在还常见于酒店会所的水晶灯、白炽灯中等。

历史——传统光源控制史

前沿切相调光相应的电压波形如图 4–25 所示：波形每半周期内，过零关断，延时导通至半周期末。所以在调光时会有相应的明暗变化。这种调光器因为线路简单、价格低廉，所以在当时的市场上占据绝对的主导地位。

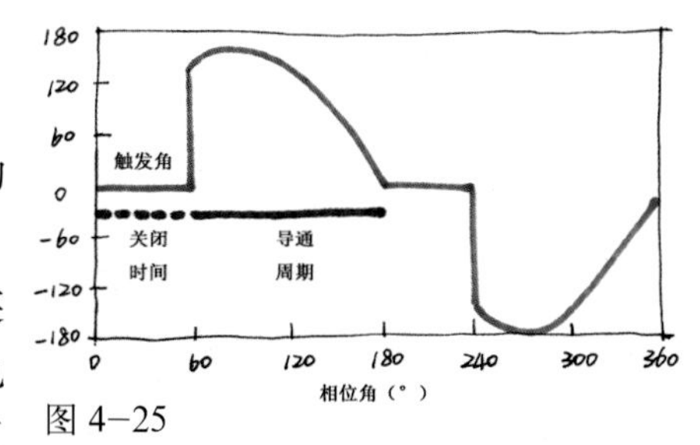

图 4–25

可控硅调光器在开通时有一个很陡的前沿，电压波形从零电压突然跳高，这对白炽灯类电阻性负载的影响不大，但不适合作为气体放电光源的调光器使用。因为多数气体放电光源都需要驱动电路来配合工作，而驱动电路是一种容性负载，可控硅调光器产生的电压跳变会在容性负载上产生很大的浪涌电流，使电路工作不稳定，甚至造成驱动电路烧毁的故障。因此后来又出现了后沿切相调光器。

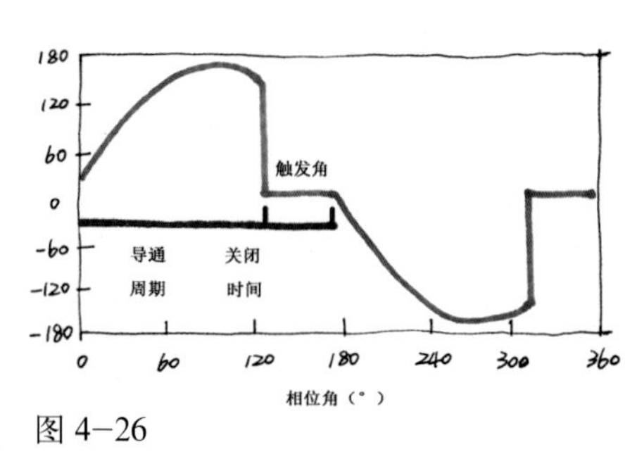

图 4–26

后沿切相调光器相应的电压波形如图 4–26 所示：波形每半周期内过零开启，延时关断至半周期末。后沿切相调光器的电路比前沿切相要复杂得多，价格也会比前沿切相调光器高很多，所以在白炽灯时代，前沿调光器（可控硅调光器）垄断了绝大部分市场。当然，后沿切相的优点是适合容性负载，电压缓慢升高，不会产生极大的浪涌。

有些厂家还生产通用调光器（适用于阻性、感性、容性负载），其原理是主动识别负载类型，自动选择前切还是后切。

历史——气体放电灯控制史

20 世纪 70 年代，随着大规模和超大规模集成电路的发明，第四代数字计算机得以广泛应用，产生了“集中控制”的中央控制计算机系统。这种中央集中控制系统也被用于照明控制。

1971 年，中央集中控制系统的代表厂家美国快思聪（Crestron）成立，后来发展成为家居中控的著名厂家。当然，照明控制也成为其中控的重要部分。（图 4–27）

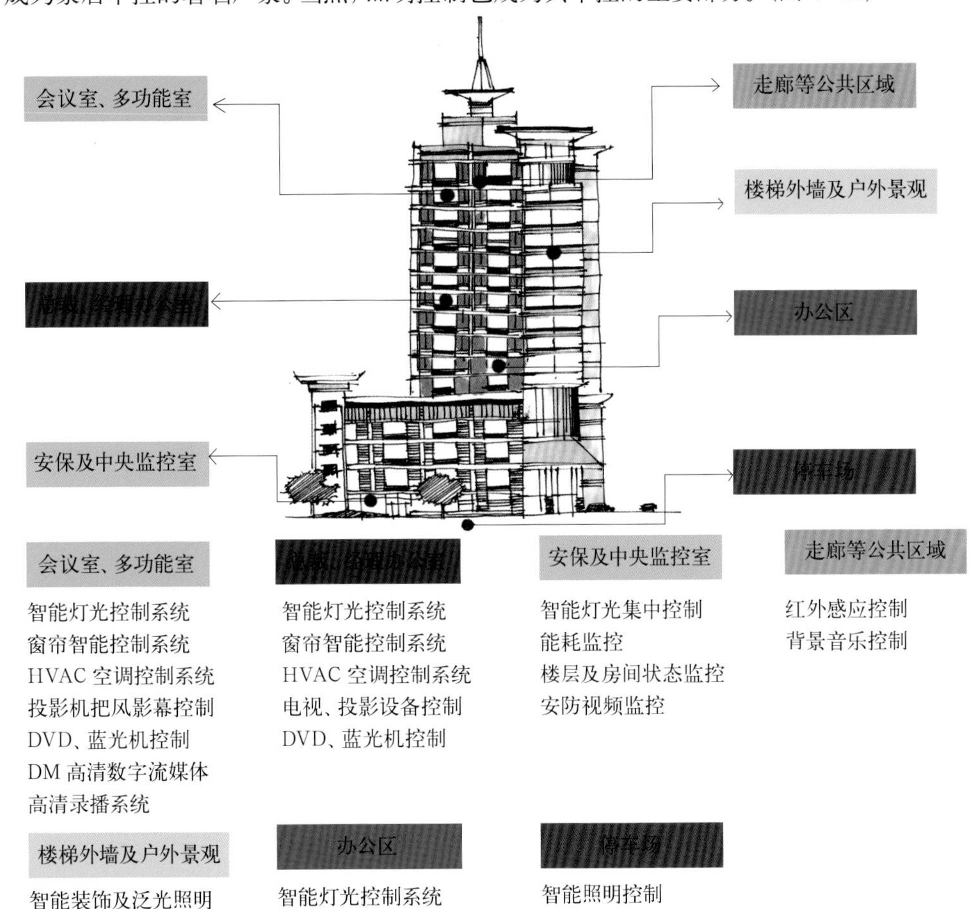

图 4–27　快思聪楼宇解决方案

20 世纪 70 年代出现了世界性的能源危机。1973 年 10 月，第四次中东战争爆发，为打击以色列及其支持者，石油输出国组织的阿拉伯成员国当年 12 月宣布收回石油标价权，并将其积陈原油价格从每桶 3.011 美元提高到每桶 10.651 美元，使油价猛然上涨了两倍多，从而触发了第二次世界大战之后最严重的全球经济危机。许多公司开始致力于新型节能电光源及荧光灯用电子镇流器的研究。

随着半导体技术的飞速发展，各种高反压功率开关器件不断涌现，为电子镇流器的开发提供了前提条件。荷兰飞利浦、英国索恩、美国通用电气、德国欧司朗等公司相继推出集成电路电子镇流器。（图 4–28）

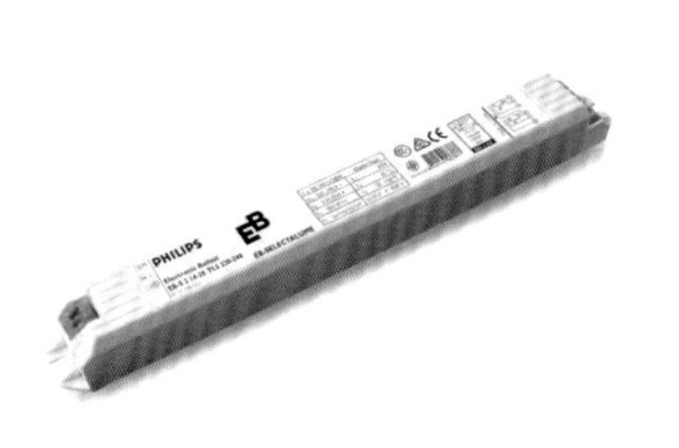

图 4–28　飞利浦荧光灯电子镇流器

20 世纪 80 年代后期，计算机、通信、微电子、自动控制等技术飞速发展，控制领域向现场总线技术发展，从根本上突破了传统的“点对点”式的模拟信号或数字—模拟信号控制的局限性，构成一种全分散、全数字化、智能、双向、互连、多变量、多接点的通信与控制系统。

1989 年，芬兰赫尔瓦利公司成功推出可调光单片集成电路电子镇流器。荧光灯，这一当时市场的主导光源的调光终于成为可能。

荧光灯的调光是在高频电子镇流器的基础上研发出来的，其工作原理简单理解如下：镇流器中加入了对频率的控制电路，频率越高，与灯串联的电感镇流器的阻抗越大，灯电流减小，灯的输出功率降低，灯调暗；反之灯调亮。同时，频率越高，电容阻抗越小，起到稳定电流的作用。所以，变频是荧光灯调光的核心科技。

在 20 世纪 50 年代，过程控制领域同样在如火如荼地发展。基于 1 V ～ 10 V 或 4 mA ～ 20 mA 的电流模拟信号的模拟过程控制体系得到广泛的应用。可控硅诞生以后，1 V ～ 10 V 的电流用于照明模拟控制也成了可能，但当时转成可控硅调光来控制白炽灯和卤素灯实在是画蛇添足，直到荧光灯时代它才可以一展拳脚。（图 4–29）

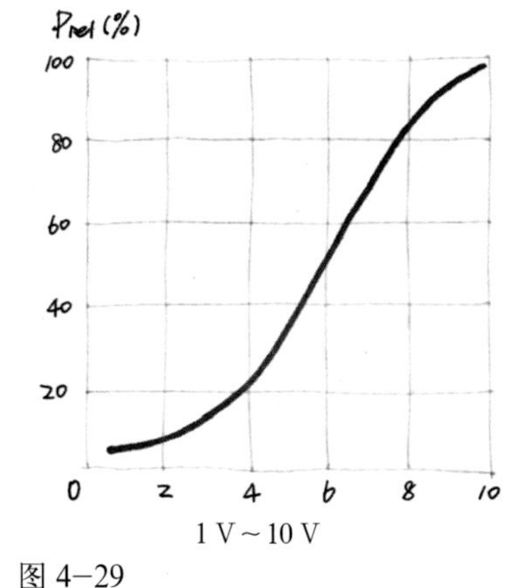

图 4–29

1 V ～ 10 V 技术很快被应用到改变频率的 Regulating Input（控制输入），当然频率不可能无限高，所以 1 V ～ 10 V 调光是无法使灯输出为 0 的，变通的方法是在控制电路里另外再加继电器开关。由于控制信号是直流模拟量，是连续的，所以也叫模拟调光。信号极性有正负之分，按线性规则调节荧光灯的亮度，调光时当控制信号触发，镇流器启动荧光灯，并点燃到全亮，然后再按控制量要求调节到相应亮度。

1 V ～ 10 V 控制虽然便宜，但也有一些限制：必须另外加一组控制线，分组控制需要完全依靠硬件接线，分组变化需要重新接线。如果一个大的室内空间分组比较精细，线路上的成本是很大的。因为是电压模拟信号，会存在干扰，影响控制精度。

1991 年，奥地利的锐高开发出用曼彻斯特码（Manchester Code）的数字式控制接口（DSI）镇流器，信号没有极性要求，在控制线上传输和同步方式比较可靠，调光按指数函数方式调光，这种镇流器被触发启动后，荧光灯亮度可以从 0 开始调整到控制信号所指定的亮度。

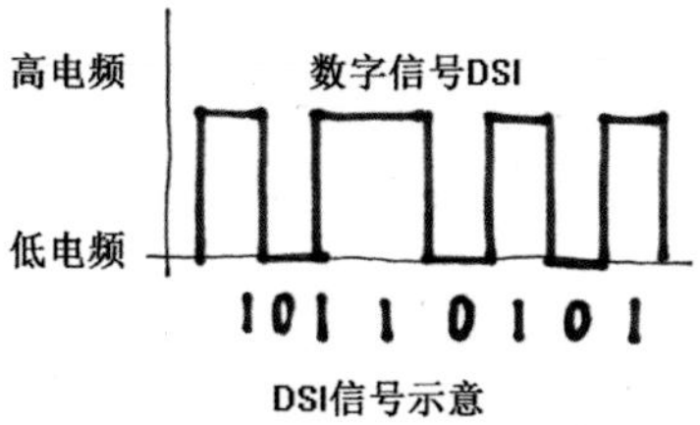

高电频
数字信号DSI
低电频
1011 0101
DSI信号示意

图 4–30

另外，DSI 还可以通过信号命令，在电子镇流器内部对进入镇流器的 220 V 主电源进行开关切换控制。当荧光灯被关闭熄灭后，镇流器可自动切断 220 V 主电源以节省能源消耗，还可以不通过继电器直接与 220 V 主电源线连接，节省系统成本。（图 4–30）

锐高为 DSI 申请了专利，成为独家的协议，谷歌与苹果关于“开源与闭源”的争论一直没有结论，但对于照明来说，DSI 相对于 1 V ～ 10 V 来说只是具有提高了照明精度等优势。分组布线并没有改变，而人眼对光的敏感度相对较低，所以照明体验并没有天壤之别，DSI 并不能像苹果的闭源系统 IOS 一样风行世界，反而变得孤芳自赏。（图 4–31）

图 4–31　锐高金卤灯可调光电子镇流器

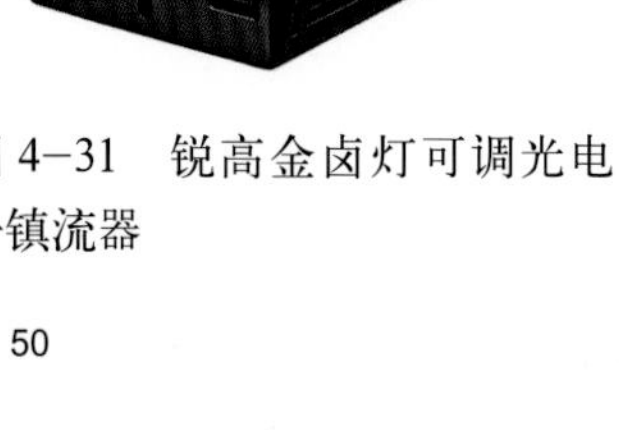

由于节能的需求，自 DSI 之后，欧洲开始了对数字式荧光灯照明控制系

统的开发和研究，一些主要的照明生产厂商提出了采用标准通信协议来加速群控照明节能产品推广使用的建议。欧洲主要的电子镇流器生产厂家（Halvar、Hüco、Philips、Osram、Tridonic、Trilux 和 VS 等）纷纷加入数字式可寻址调光控制接口 DALI（Digital Addressable Lighting Interface）标准的制订工作中。2001 年，世界 DALI 协会成立。通过 DALI 技术的推出及应用，目前 DALI 已成为欧洲数字调光的主流标准。

由于 DALI 标准是由镇流器厂家共同倡导的标准，它更多是作为一个接口标准，方便系统连接。DALI 应用的一些基本特点：

1. 全称 Digital Addressable Lighting Interface，即数字可寻址照明接口，低电压 0 V（−6.5 V ~ 6.5 V），高电压 16 V（9.5 V ~ 22.5 V），最大允许 2 V 波动；

2. 高效传输速率（1200 比特每秒）；

3. 双向通信，可显示光源信息（开 / 关，光源真实亮度，光源状态等）；

4. 接线简单，自由布线方式（控制信号线没有极性，没有组要求），控制信号线长度可达 300 m。如图 4−32，上面是传统照明控制系统，控制线需要和强电同组，亦步亦趋，下面是 DALI 接线，可以不按强电回路而自由组合；

5. 一个系统最多允许 64 个独立地址元件，最多可储存 16 个场景（16 组地址），系统最大电流 250 mA，镇流器最大电流 2 mA；

6. 调光范围为 0.1% ~ 100%，最低限值取决于供应商，最多有 255 个调光等级，调光曲线标准化且适应人眼的敏感度，如图 4−32 所示的对数曲线；

7. 灯可以用电子镇流器开 / 关（有一定待机功耗）。

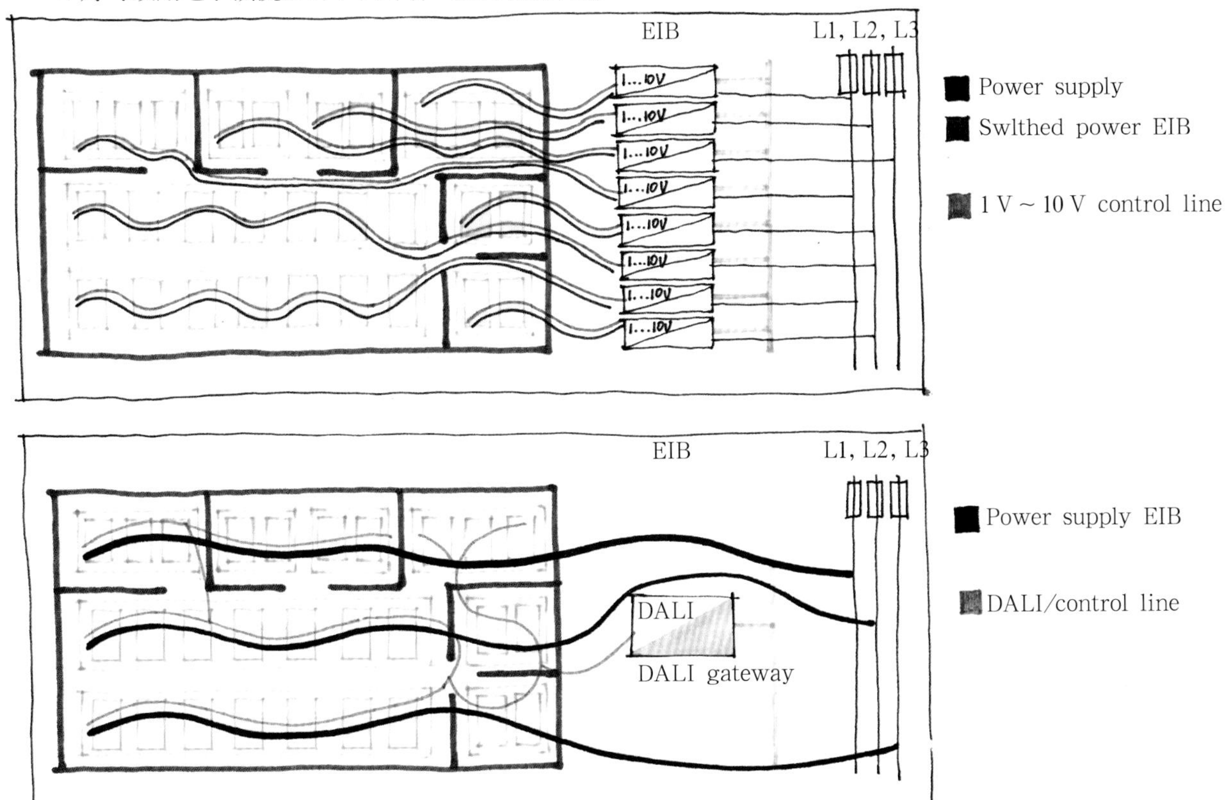

图 4−32 DALI 自由接线和传统照明控制系统对比

除了荧光灯，金卤灯和钠灯也可以调光，如锐高有调光电子镇流器专门针对金卤灯和钠灯，飞利浦、欧司朗和通用电气也都有对应的可调光金卤光源（普通金卤光源调光时会有明显的发光颜色改变，钠灯不受影响）。但是由于调光范围窄（一般只能调暗到 50% 左右），调光时间长（调一次光要 2 分钟左右），所以金卤灯调光一直没有得到大的发展。

除了调光，金卤灯和钠灯还可以通过改变功率进行固定光输出的改变，如可变功率装置可将 400 W 金卤灯变为 250 W 工作。传统路灯采用可变功率镇流器，利用气体放电灯在工作电流适当减少时能正常运行的原理，通过后半夜增加镇流器电抗，降低光源电流，减少路灯系统电耗中占主要比例的光源的电耗，达到路灯系统整体节能的目的。但这样的做法会增加初次投资的成本，并未成为市场主流。随着 LED 路灯在中国如火如荼的发展，金卤灯和钠灯的调光基本成为历史。

LED 调光和控制

作为恒流源，LED 天生就可以调光。它们的亮度可以很简单地通过控制贴在衬底上的半导体材料层的通电电流来调节。而且 LED 不像传统光源，调光并不会影响 LED 的效率和寿命。事实上，调光可以降低它们的工作温度，进而延长 LED 的寿命。

此外，LED 的调光范围比紧凑型荧光灯和高强度放电灯更广。相比于紧凑型荧光灯 1% ~ 100% 的调光范围和高强度放电灯 50% ~ 100% 的调光范围，LED 的调光范围理论上能做到 0.1% ~ 100%。

任何 LED 器件，都需要一个驱动器才能实现调光。因为 LED 都是低压直流电源，需要电子驱动器把交流转换成可利用和可调节的直流电流。这些驱动器分为两种调光方式。在脉冲宽度调制（PWM）方式中，通过 LED 的电流以很高的频率通断，通常是每秒几千次。通过 LED 的电流就等于 LED 开关周期内的电流平均值，通过减少 LED 的通电时间可以降低平均电流或者有效电流，进而降低 LED 的亮度。而另外一种为模拟调光，即保持光源有连续的电流，但是通过减小电流幅值来实现调光，光输出正比于通过 LED 器件的电流。

PWM 和模拟调光各有优缺点。PWM 应用更广泛，调光范围也更广，可以做到光输出的 1% 以下，且不管 LED 在额定电流、最大电流，还是零电流下工作，都可以避免色漂现象。因为 PWM 调光使用快速开关通断的方式，所以它需要更复杂、更昂贵的电子驱动设备来产生足够高频率的电流脉冲来防止产生人眼可察觉的闪烁。（图 4–33）

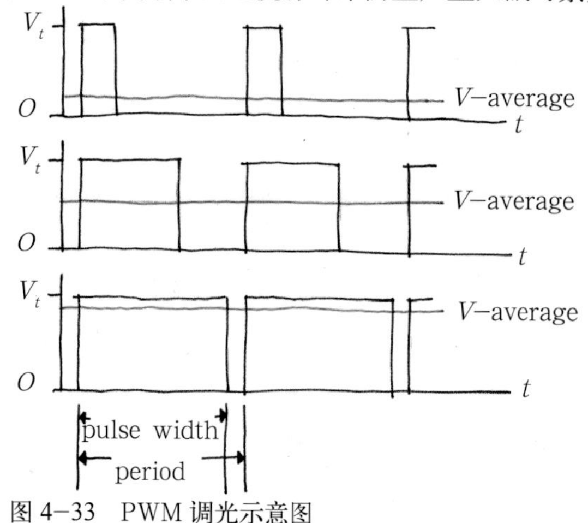

图 4–33 PWM 调光示意图

模拟调光即为切向调光，高效简单，因为它所需的驱动设备更简单、更便宜。此外，它允许驱动器放在离光源更远的地方，这对 LED 替换光源或对内部空间有限的紧凑型灯具很有利。但是，模拟调光不适合应用在调光要求 10% 以下的场合。在非常低的电流情况下，LED 无法正常工作，光输出也不稳定。

一般来说，模拟调光常见于追求快速和低成本的替换市场，随着 LED 在新建项目中的广泛应用，这种方式会越来越少。

LED 的调光方式是针对光源本身而言（驱动器的输出端），针对 LED 灯具的控制方式（驱动器的输入端）有以下几种：

1. 前沿切相，可控硅调光；
2. 后沿切相调光；
3. 1 V ~ 10 V 模拟调光；
4. DALI（数字可寻址照明接口）调光；
5. DMX512 调光。

前面四种在传统光源部分已经做过详细介绍，第五种 DMX512 将在下面的照明控制系统发展部分详细阐述。

照明控制系统发展

再来看看控制系统的发展。近代早期照明控制技术主要应用在戏院和娱乐场所，因为这些场所需要照明控制技术来营造不同氛围的灯光效果。早期应用在以上场所的照明控制技术比现在的技术要复杂得多，而且自动化程度很低，但由于针对性强，故此类的照明控制系统在戏院和娱乐场所很快得到广泛应用。通过不断应用和革新，此类型的照明控制系统发展成我们今天所说的“照明场景控制”。（图 4–34）

另外一个分支是 1960 年电气自动化控制开始进入一般的商业建筑，该趋势开创了应用低压弱电信号的电气开关来控制照明的历史。1973 年的第一次世界能源危机促使人们开始考虑如何管理好能源及节约能源。因此，此后照明控制技术的主要目的之一就是如何降低照明的能耗，也就是我们通常提到的“照明节能控制”。

我们可以将以上两种照明控制技术的起源，总结为照明场景控制和照明节能控制。

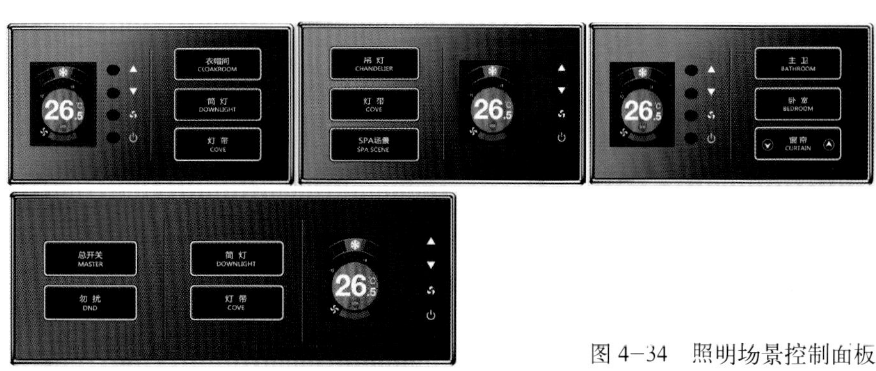

图 4–34　照明场景控制面板

图 4–35

照明场景控制

早期应用在戏院和娱乐场所的照明场景控制逐渐向多功能厅、酒店、会议室等需要场景控制的场所发展。在应用了照明场景控制的场所，人们可以方便快速地通过一个按键来实现预先设定的照明灯光效果，这个照明灯光效果可以是照明回路的开关组合，也可以是照明回路的某个亮度值的组合。（图 4–35）

照明场景控制系统通常通过人工操作，并提供许多的照明场景选择。一旦选择了某个固定的照明场景，照明将一直停留在某个亮度，直到下一个照明场景被调用。照明场景控制系统通常需要选定特定的照明光源（如卤素灯），因为不是所有的照明光源都适合照明场景控制调节，即使是今天，我们仍然需要选定特定的光源来进行照明场景控制。因此，此类系统通常是戏院、娱乐场所和酒店照明方案或室内设计方案不可或缺的部分，需要照明设计师或室内设计师提前考虑，这对系统的应用至关重要。

照明场景控制系统以前主要是应用在特定的场所，如戏院和娱乐场所，但今天在相应厂家（Clipsal、Lutron、Dynalite 等）的推动下，它不断影响着主要市场的应用。

图 4–36

已经有越来越多的城市和网友响应每年"关灯一小时"活动。

照明节能控制

由于照明节能的需要，早期的照明控制系统发展成具有自动功能的节能控制系统，如在没人时关灯或是日光充足时关灯，这些功能可以通过时间或光照的强弱来自动控制。（图 4–36）

大多数早期的照明节能控制系统通常是根据已有的安装条件和电气设备来应用，因此很难做到节约、优化及更高级的应用。早期的方案只是自动开关灯，因此调光功能还没有在早期的照明节能控制系统中得到应用。对比照明场景控制系统，早期的照明节能控制系统显得过于简单和呆板，往往忽略了照明设计技术的应用，这样一来就会影响原照明设计方案，故往往不受照明设计师的欢迎。

然而，由于应用了许多开关，人们可以方便地控制个人的照明，这样满足了人们控制照明的要求，从而提高了使用的满意度，避免了照明设计上的不足。另外，由于相应厂家（Schneider、ABB、Siemens 等）不断优化控制技术及功能，照明节能控制系统已在公共建筑及办公场所得到广泛的应用。

两者的结合

当调光功能成为实用的节能方式时，照明场景控制与照明节能控制开始合二为一，而且荧光灯可调光高频数字电子镇流器的推广及应用促进了两者的结合。

正如我们之前提到的照明场景控制主要是对亮度的调节，而照明节能控制主要是依靠开关控制手段。数字调光技术的出现，使得调光功能很容易集成到建筑智能控制领域中，因此，现在的照明控制系统不仅是开关、场景，还能根据人们日常生活以及日光的强弱来调节照明。

与此同时，由于娱乐场所的照明控制技术不断发展，诞生了主要针对舞台的灯光控制协议，如 DMX512。该协议最先是由 USITT（美国戏剧技术协会）发展成为从控制台用标准数字接口控制调光器的方式。它的产生使得用户能购买不同厂家生产的 DMX512 设备，并通过控制线路在同一个复杂的灯光控制台下控制。DMX512 协议通过不断应用和革新，成为目前照明动态控制的主要技术。传统常见于舞台灯光控制，现在流行于 LED 的户外控制，如城市建筑外立面上的 LED 动态变化控制。（图 4–37）

因此，照明的控制技术被分成了三类：照明场景控制、照明节能控制和照明动态控制。

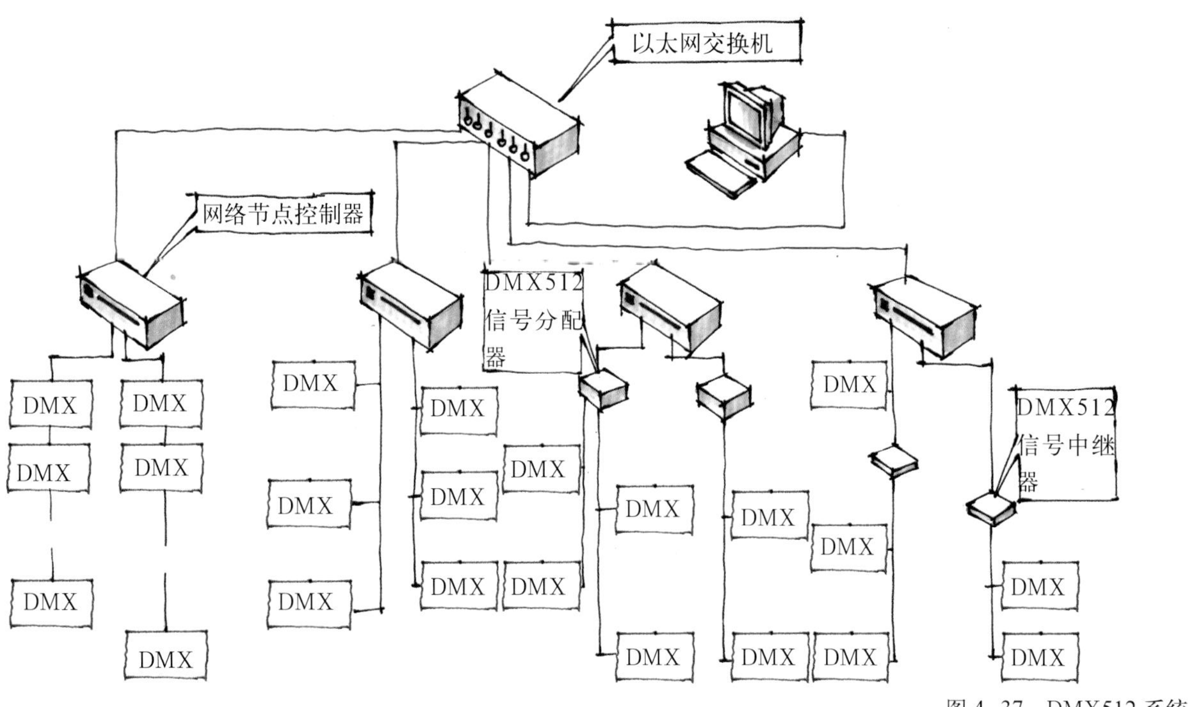

图 4–37　DMX512 系统图

过去，每个照明控制设备制造厂家都有自己的通信协议，可以实现类似的功能，但是彼此的设备之间不能通用，给用户和市场都造成一定程度的困扰。自 1996 年起，欧洲的三家机构 BCI（Bati 总线国际俱乐部）、EIBA（欧洲安装总线协会）和 EHSA（欧洲家居系统协会）就着手共同制订楼宇自动化应用标准。1999 年 5 月，由欧洲 9 家著名商家基于上述三家机构签署成立了 KNX 协会（Konnex Association，意即联合协会），该协会目前已发展成员近百家。协会的宗旨很明确：建立一套标准，确保不同厂家的不同元器件及系统互相兼容并能协同工作，从而方便用户，使总线系统更容易推向市场。

EIB/KNX 系统即符合 KNX 协会标准的系统。EIB（European Installation Bus，欧洲总线系统）是一个开放式的系统，可以由任何人在任何芯片或可供选择的处理平台上实现。

EIB/KNX 系统目前是有线连接的控制系统里市场份额最大、占有率最高，也是最稳定和最开放的系统之一。它可以结合场景控制、节能控制和动态控制，满足绝大多数用户的需求，在中国也是国标之一。（图 4–38）

图 4–38　EIB/KNX 系统的 logo

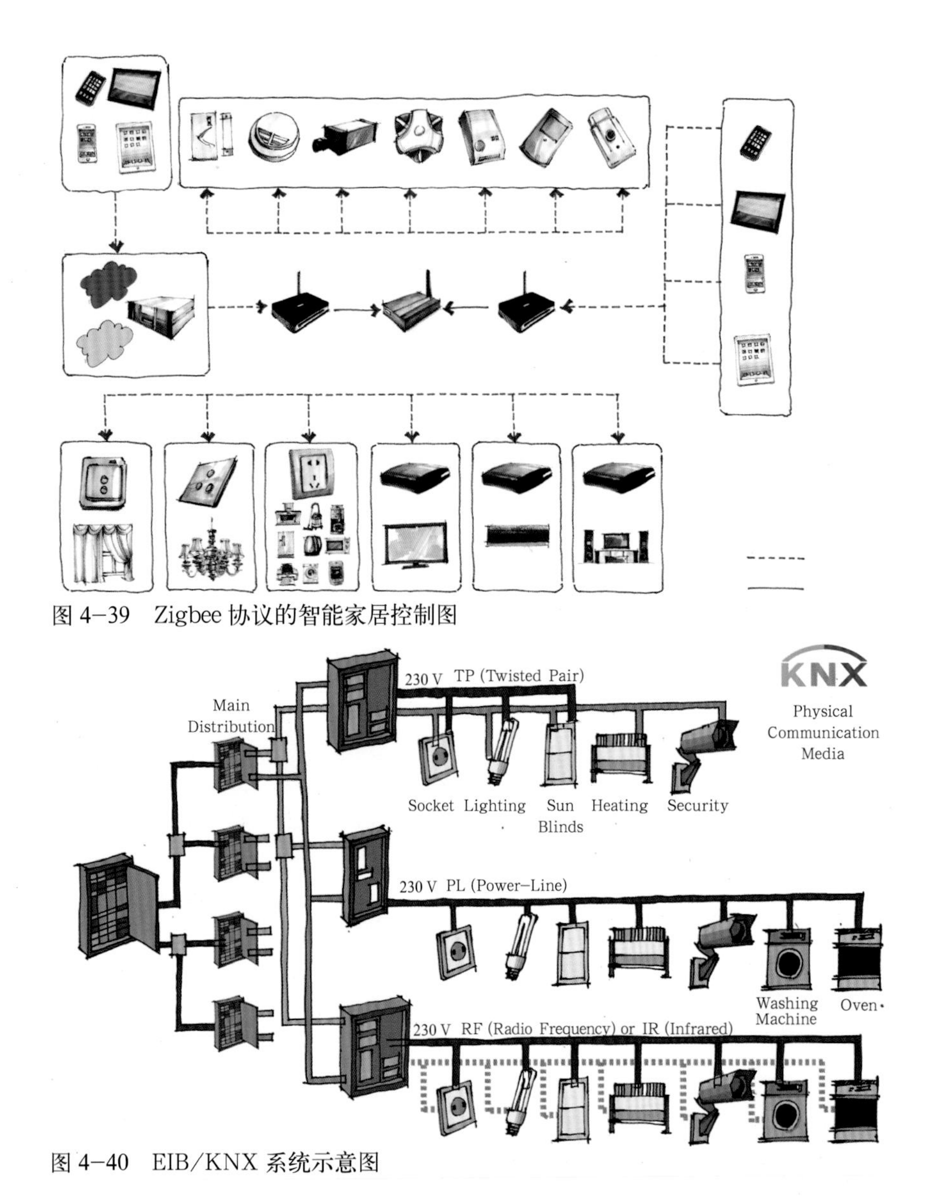

图 4-39　Zigbee 协议的智能家居控制图

图 4-40　EIB/KNX 系统示意图

随着通信技术的发展，特别是手机 3G、4G 技术快速发展和无线网络铺设的成熟，有越来越多的无线控制系统基于如 GPRS、Zigbee、Bluetooth(蓝牙)等通信协议，开始在智能家居中有广泛的应用,并且方便与移动互联网结合,使用移动终端(如手机)等进行控制。(图 4-39、图 4-40)

对比需要布线的传统照明控制系统，无线系统的施工成本低，方便人们灵活地调试和更换设备，特别适用于改造项目。而且，随着 3G 手机信号的普及和蓝牙、NTC 技术的广泛应用，无线系统的成本在逐渐下降，对家庭用户而言，在实现相同功能的前提下，往往会选择综合成本比有线控制系统更低的无线系统。

但是无线控制受限于通信距离和稳定性，往往用于家庭和小型办公室，大的公建项目中还不多见。

不过，目前无论是有线系统还是无线系统，都可以通过移动设备进行控制，例如在 EIB/KNX 系统中，只需要一个额外的路由器和信号转化设备，我们就可以在办公室里拿手机或者平板电脑控制某些功能。

分析完主流的照明控制系统协议，我们来看看照明控制系统除了场景、节能和动态变化外的其他功能。

1. 时间控制

根据每一天不同的时间段来管理照明是早期的常用照明方式，主要目的是合理减少人工照明的使用时间，并在有人的时候自动开启照明，以达到节能的效果。这种控制功能在目前的工程项目中应用较多，如在商业中心应用不同时段的照明控制来节能。(图 4–41)

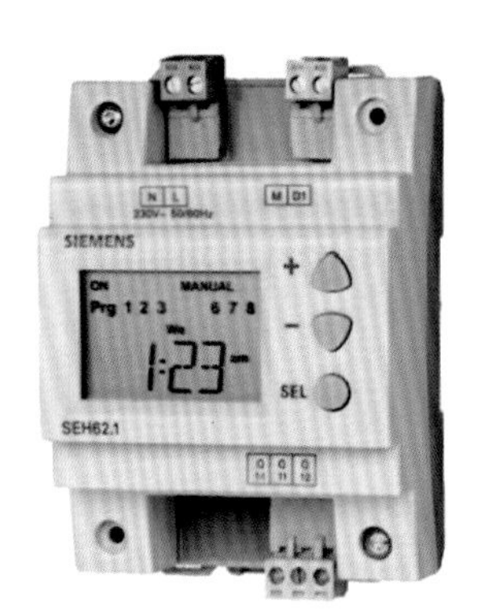

图 4–41　时间控制器的一种

2. 人体感应控制

我们通过人体感应器来根据人们的活动控制照明，以达到真正的按需控制。1980 年开始，人体感应器被广泛应用到照明控制系统中来，目前，市场上有着许多不同技术的感应器（红外的、射频的、声波的等），感应人们在不在被感应的区域内，从而判断是否需要照明以及需要多少照明。另外，人体感应器通常具有关灯延时功能，以确保人们有足够的时间离开。通常延时关灯时间是 15 到 20 分钟，主要是避免因频繁的开关灯而减少光源的寿命。人体感应器通常结合手动开关来达到最优化的节能效果，如“手动开，自动关”的组合是有效避免照明能源浪费和提高照明使用率的最好办法。(图 4–42)

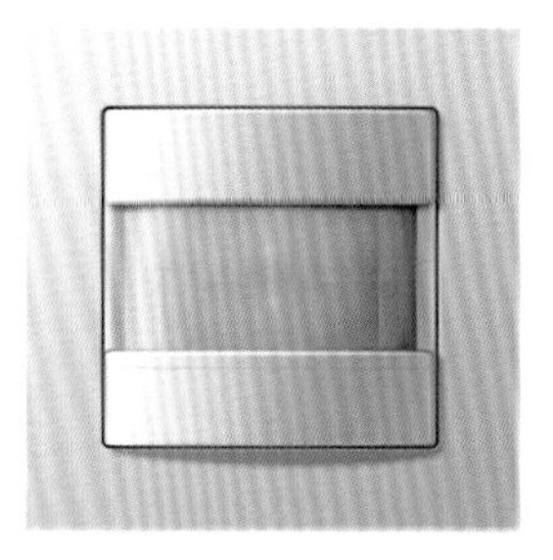

图 4–42　人体感应器的一种

3. 日光感应控制

一直以来，在人工照明中如何结合自然光是需要人们认真考虑，且难以平衡的问题。最早关于日光控制的应用是在路灯照明中，利用日光感应器来感知黄昏和黎明，从而开关路灯。其原理是设定一个较低的感应照度，如 50 lx ~ 70 lx，然后根据已设定的照度值来判断是否开关灯。显而易见，这种感应器及应用的方式不适合在室内（特别是办公室）应用，因为室内的照度较高，通常是 350 lx ~ 500 lx，而且它需要一个恒定的照度控制。

高照度控制在系统设置时需要特别注意，因为光感应控制开关灯有时会造成过亮或过暗的效果，令人感到很不舒服。另外，当有自然光和人工照明同时出现时，光感应会由于照度过高而关闭人工照明，这样一来，人们会很明显感知到大幅度的照度变化，从而可能通过手动的方式开启照明，这样就没办法达到节能的效果。

如果光感应器可以结合调光的功能而不是仅仅开关灯，那么以上的问题就可迎刃而解。结合了调光照明的光感应器可以根据自然光的强弱自动调节，甚至可以在人们不留意时进行调节。现在，许多建筑在靠近窗口的区域都安装了日光感应器，具有很好的节能性，并且结合调光的功能，有效提高了照明舒适度，达到了理想的应用效果。

4. 灯具初始亮度维护

通常人工照明灯具在工作了一段时间后，初始亮度都会减弱，例如荧光灯灯具。另外，灯具反射罩积尘或变脏，也会降低灯具的初始亮度。虽然灯具制造商已经考虑到这个因素并对灯具做了些改进，但大多数的照明设计师还是会把该因素并入他们的设计方案中。因此照明设计方案的照度通常会比需要的照度高出 20% ~ 30%，以避免灯具使用一段时间后无法达到需要的照度。这样一来，在照明初始阶段就会照度偏高，而且浪费电能。

如果应用了调光功能，以上问题就可以迎刃而解。在灯具初始投入使用时，我们可以设定较低的初始亮度值，在使用了一段时间后，我们可以相应提高灯具的初始亮度值。这样既可以有效避免灯具初始亮度过高，也可以避免以后照度不足的情况，还可以有效节约电能，一举多得。

5. 安全亮度的保持

现代的建筑通常配备后备发电机或后备电源，以备在主电路受到中断时能够保持主要的功能照明。

以上的设计，要求布线时必须分为应急照明和非应急照明回路。如应用了照明控制系统可设定在应急状态下的最低照明使用模式，该模式可以开启特定回路灯具或调暗特定区域的照明。以上的照明控制模式还可以应用到其他场合，如在晚上清扫办公室时，或在商场整理货架时等。

03

LED 灯光动态控制系统

由于LED照明在节能、环保、色彩及控制上的优势，在装饰照明领域，利用 LED 制作的各类灯具已基本取代了使用传统光源的景观装饰性灯具。

由于 LED 是利用半导体场致发光的原理，配合不同材料，可以发出不同波长的可见光，所以 LED 具有光色纯正、显色性好、开关响应速度快等技术特点，使景观照明由过去单色、静态的效果，变为动态、多彩的照明效果。为了使 LED 灯光可以达到动态多彩的变化效果，采用传统灯光控制方式已经不能满足现在的 LED 照明效果的要求。现在，基于计算机网络技术的 LED 灯光照明控制系统应运而生。目前，LED 灯光控制系统主要通过以下几种技术方式实现动态的 LED 灯光控制效果。

网络控制系统

由于网络技术的普及和成熟，在 LED 装饰照明控制系统中应用 TCP/IP 网络技术已成为一种明显的趋势。用 TCP/IP 协议有助于整个系统的宽带、距离、可靠和双向等功能的实现，这意味着在一个网络里可同时连接的设备更多，且连接的距离更长。传输控制协议使 LED 装饰照明系统的控制质量和可靠性更高，双向通信使设备的远程监测和控制更有效。

因而，构筑大规模可靠的 LED 装饰照明系统的网络成本更低，这是以现代计算机网络技术为支持的必然结果。

总线控制系统

总线控制系统包括两种，一种是 DMX512 控制系统，一种是 485 总线控制系统。

基于 DMX512 协议的高亮度全彩 LED 灯具控制系统，是目前应用最广泛的 LED 控制系统。DMX512 协议适用于一点对多点的“主从式”灯光控制系统，主控制器往总线发送控制时序，总线上的其他 LED 灯具从灯光设备接收总线数据，提取其对应通道的数据，完成控制信号的接收。

以 RS485 联网控制方式，每个 LED 灯具内置一片单片机进行控制，并连接到 RS485 总线上，通过一台控制器对 RS485 总线上的每个单片机进行控制。由于这种控制方式需要对每个灯具设定地址，在工程应用中很不方便。而目前各个控制器厂商虽然都是用 RS485 协议，但应用层标准还未统一，所以造成各个厂商的产品无法兼容。

LED 串行移位控制系统

LED 串行移位控制系统的特点是控制路数利用串行信号传输达到控制的目的。(图 4–43)

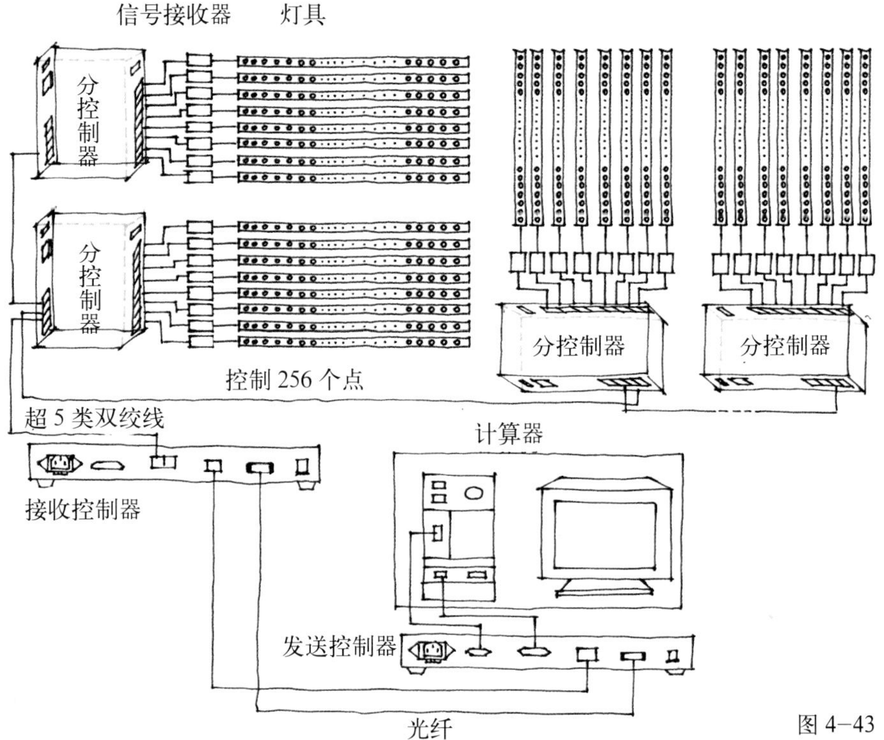

图 4–43　串行系统支持的标准应用布局

LED 串行移位控制系统是由原 LED 显示屏控制系统发展而来的，是一款通用 LED 灯具照明亮化的控制系统，其控制路数利用串行信号传输达到控制的目的。

该控制系统可支持脱机和联机两种控制模式。脱机控制系统无须连接计算机，可以通过读取记忆卡独立完成对 LED 灯具的控制；联机控制系统可以与计算机连接，通过计算机实时同步，实现对 LED 灯具的控制。

脱机控制系统由主控制器加分控制器和信号接收器组成。

联机控制系统由发送控制器加接收控制器、分控制器、差分接收器组成。

主控制器、分控制器、差分接收器之间可通过单网线 100 m 长距离信号传输，可支持各类基于串行移位驱动芯片设计的 LED 灯具，广泛应用于各种不同类型的 LED 灯具照明亮化项目中。

串行控制系统按其信号传输线制可分为四线制串行控制系统、单线制串行控制系统。

四线制串行控制系统：由传统显示屏控制芯片与模式转化过来，需 4 ~ 5 条数据线串行连接。(图 4–44)

单线制串行控制系统：单线制串行级联通信方式，需 1 条数据线串行连接。(图 4−45)

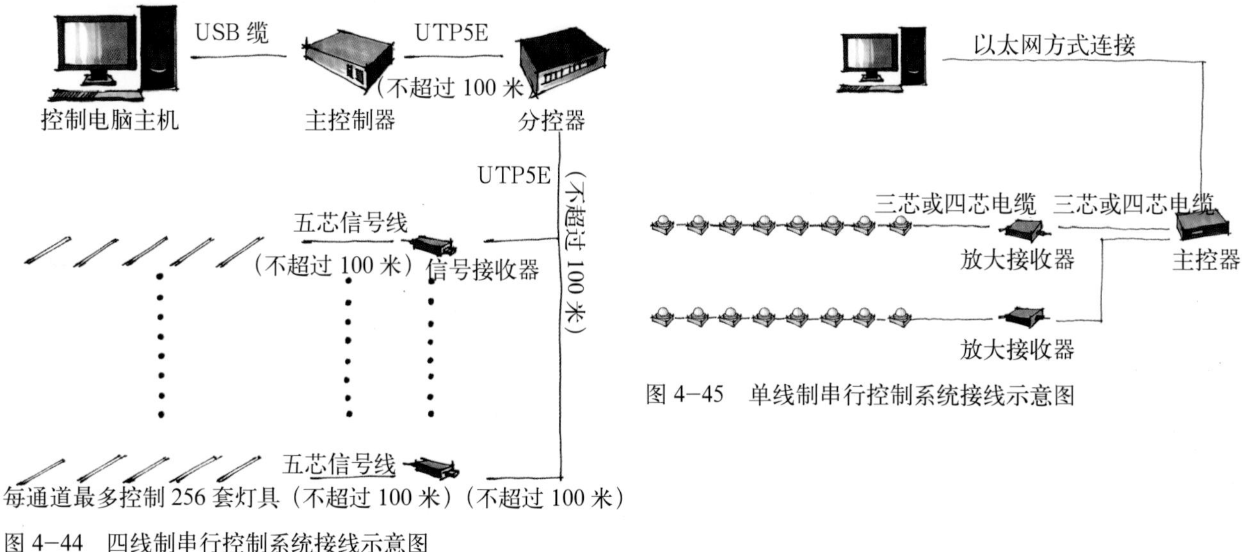

图 4−44　四线制串行控制系统接线示意图

图 4−45　单线制串行控制系统接线示意图

LED 灯具控制系统

基于 DMX512 协议的高亮度全彩 LED 灯具控制系统，具有以下特点：前端采用基于 TCP/IP 协议的控制器作为 DMX512 信号发生器（以下简称“控制器”）；控制器与 LED 灯具间的通信采用 DMX512 信号解码器（以下简称“解码器”）作为信号中继器，解码器对 DMX512 信号进行频率调制和信号增强；LED 灯具内部集成低功耗控制电路和高效率 AC−DC LED 驱动电路，并采用 PWM 实现 LED 串的 256 级调光；控制器与解码器通信链路以零线作为参考地，采用单数据线通信方式以减少系统的布线成本；系统各部件采用分布式连接，结合 TCP/IP 协议，使系统具有控制灵活、维护方便及扩展性强等特点。(图 4−46)

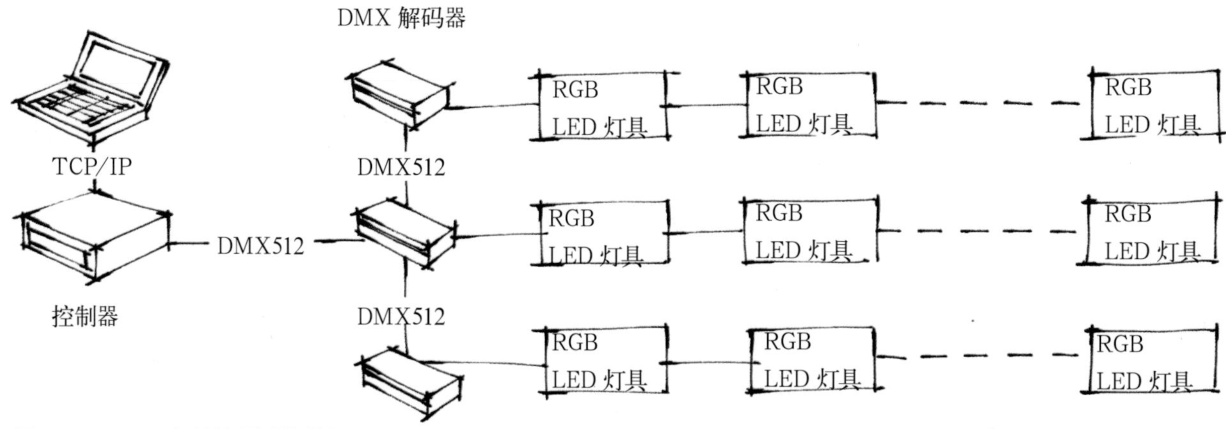

图 4−46　LED 灯具控制系统构架

LED 灯具控制系统由上位机、控制器、解码器以及 LED 灯具组成。上位机通过以太网对控制器进行配置，控制器根据配置信息产生 DMX512 控制信号和调光信号，并负责接收解码器转发的灯具监控信息，然后返回给上位机。解码器挂接在控制器的 RS485 总线上，作为数据传输的中继器，设计中选取适当的匹配电阻以减少信号传输线上的信号反射。LED 灯具挂接在解码器的单数据总线上，作为系统监控终端。上位机通过对控制器分配 IP 地址，可以控制 250 台控制器，1 台控制器与 3 个信号解码器相连，1 台解码器可以同时作为 56 个灯具的中继器。因此，上位机、控制器、解码器以及灯具可以组成强大的分布式灯光控制系统。(图 4—47)

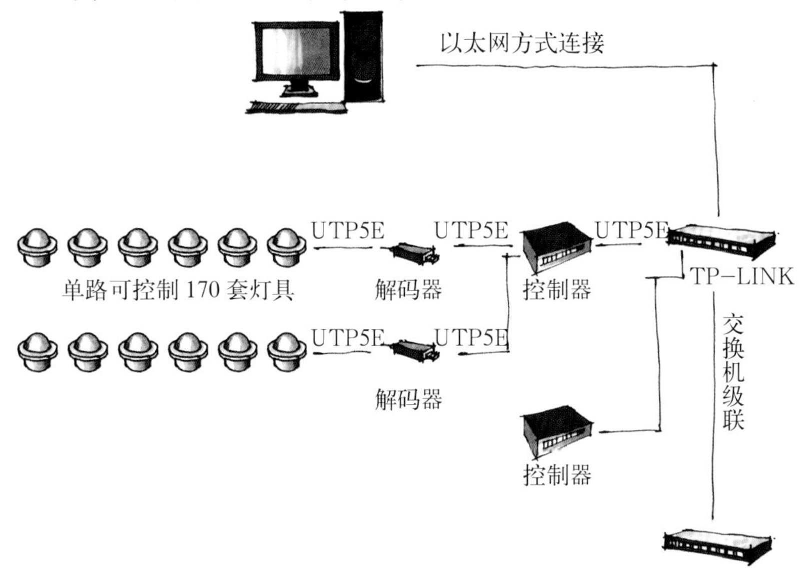

图 4—47 LED 灯具控制系统接线示意图

直流载波调制解调控制系统

传统的 LED 灯具控制系统通过 RS485 总线 UTP5E 线传输信号。直流载波并联控制系统是在 DMX512 基础上发展的新型控制技术，其基本原理是直流载波调制器的电源输入端连接开关电源，信号输入端连接 DMX512 主 (分) 控制器的输出口，经载波调制后输出一组带信号的电源线。灯具采用并联的方式并联到这组电源线上，每个灯内的直流电力载波解调器将电源线上的信号解调出来，由单片机 (MCU) 或专用集成芯片将信号处理后控制灯具。直流载波顾名思义就是直接在直流电源线上加载波形、传输信号，达到电源、信号同线传输目的，因此，使用该系统的灯具无须信号线，只要电源线。(图 4—48)

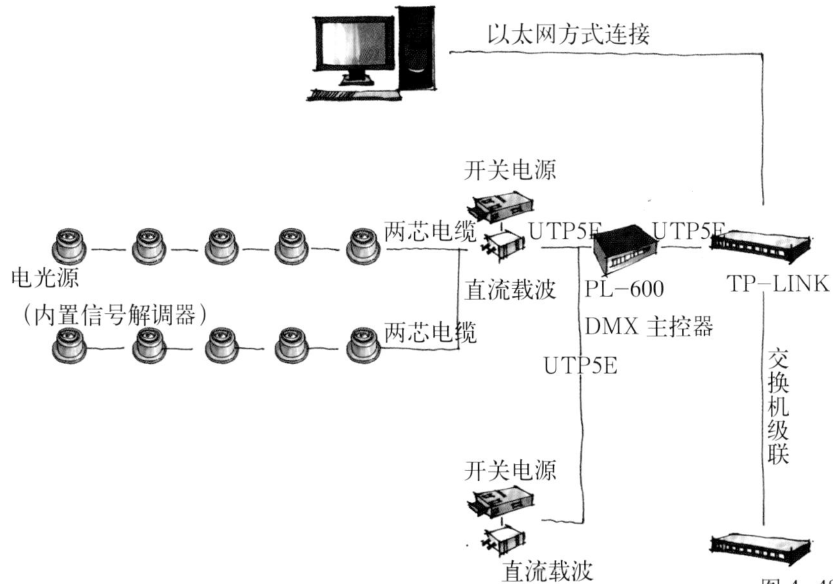

图 4—48 直流载波并联控制系统接线示意图

不同 LED 控制技术比较

方案	四线制串行控制系统	单线制串行控制系统	DMX512控制系统	直流载波控制系统
显示数据通信方式	串行移位	自定义串行	RS485 差分并联	电源线载波并联
连线方式（护栏管）	两进两出	一进一出	两进两出	一进一出
连线方式（点光源）	两进两出	一进一出	两进	一进
所需进出线数	电源线 2 根，信号线 4 根或 5 根	电源线 2 根，信号线 1 根或 2 根	电源线 2 根，信号线 3 根	电源线 2 根
最大通信速率	5 M	1 M	250 k	500 k（兼容 DMX512 时 250 k）
灯具级联点数	256 点(中庆)	1024 点	170 点	340 点(170 点)
灰度实现方式	主控不间断刷新	芯片内部自动 PWM	灯内单片机自动 PWM	灯内单片机自动 PWM
优点	1. 所有相同规格灯具可随意互换；2. 灯具串联数量多（低灰度时）；3. 恒压方式价格低，恒流方式芯片种类多；4. 市面上支持的控制器多	1. 所有相同规格灯具可随意互换；2. 灯具串联数量多；3. 需要的信号线数量减少；4. 灯具体积可以更小型化	1. 单一灯具损坏不影响其他灯具；2. 通信速率低，可靠性高；3. 通信协议通用；4. 灯具间隔距离几乎不受限制	1. 单一灯具损坏不影响其他灯具；2. 没有信号线，可靠性高；3. 可以兼容 DMX512；4. 灯具间隔距离布置灵活；5. 解调模块成本低
缺点	1. 单灯损坏可能影响后面的灯具；2. 信号线多，增加故障率；3. 灯具间隔距离有限	1. 单灯损坏可能影响后面的灯具；2. 灯具间隔距离有限；3. 芯片上市不久，可靠性需检验	1. DMX 模块成本较高；2. 灯具需要编写地址；3. 调试时故障寻找不直观；4. 主控需求数量多；5. 灯具体积做不小	1. 增加了调制模块；2. 灯具需要编写地址；3. 主控需求数量增多

第 5 章
Chapter 5

人造光与自然光

Artificial Light and Daylight

光包括自然光与人造光（灯光），通过了解、认识自然光与人的关系，有助于我们创造、设计出更好的灯光效果。（图 5-1）

自然光有一定的规律性，也有一定的偶然性。通过观察、理解，累积一些常见的光照方式，能为我们创造夜晚灯光提供良好的参考。通过认识自然光，也能够给我们的设计赋予新的理念。人造光是一种创造力，能创造良好的光照效果，满足人们的生活品质需求，也能满足人们的心理需求。灯光氛围主要讲的是后者。

通过自然光与人造光的结合，可以让整体光线设计更加富有魅力。建筑大师贝聿铭曾说，让光线来做设计。光是世间万象表现自身和反映相互关系的先决条件，建筑与光历来有着极其密切的关系。

图 5-1

MMX 建筑中的光线设计让人感受到阳光与时间、风筝等元素的关系。

01 视觉层次

所谓“视觉层次”，全国科学技术名词审定委员会的定义是：“在二维平面上利用颜色的变化、符号的大小、线划的粗细对视觉的不同刺激而产生的远近不同层面的视觉效果。”因此，论及视觉层次离不开“颜色”“符号”“线划”，而这一切的实现，都源于光。光的来源分自然与人工两类。自然光源分白昼与黑夜。白昼的光源来自太阳，夜晚的光源表面来自月亮、星星，但最终也是源自太阳——星和月都是太阳光的反射。

白昼之光并非只是单纯地指阳光，云层、天空、雪峰、冰山、大地、江河，甚至城市等都强弱不同地反射着来自太阳的光。这些不同的光源从强弱、色彩等方面丰富了白昼光，从而使我们的视觉得以感受到赤、橙、黄、绿、青、蓝、紫等各类和各色的光源。因此，自然光线充足的场景，并不是指单一光源和单一方向光充足的场景，而是多方向、强度和色彩质量不同的反射光的组合。正是这些组合，为我们的视觉带来了丰富的体验。如果要创造感觉与自然一样的室内环境，就应该接受使用灯光的多层结合，进而生成一个完整的场景概念。

光作为一种媒介，可以使室内空间形成视觉层次。是否被照亮的表面或室内物体的形态直接影响到它被观察者视觉所感受到的存在方式。我们可以采用聚光的方式来吸引人们将视线转向隐蔽的区域，也可以通过光的色彩的微妙变化，消隐人们对某个地方的注意力。总之，光的强度、方向、形态、色彩等都会对人的视觉产生直接的影响。

为了能够成功地利用光的视觉层次，我们需要进入不同的空间和客户心中。如医院急诊入口，哪里是人们的兴奋点？怎样找到自己的方位？又如博物馆或画廊，需要一个非常不同的视觉层次环境让人们心甘情愿在这里花更长的时间。在这两种情况下，从客户的角度来看，了解他们的心态，结合设计师自身的想象，使得人们有可能创造出最合适的灯光解决方案并实现其可视化场景。（图 5–2 ~图 5–4）

图 5–2

利用自然光与建筑巧妙结合，在平面的墙体上划出光线层次效果。

图 5–3

在一个封闭空间内开出的天井可以看到天空，并且利用天空的自然光线投出光影，让原本封闭的空间与人更加亲和。

图 5–4

自然光的偶然性。光与云的偶然组合，让太阳光穿过云层投射到海面，形成独特的景观。

了解自然光的气质

如果希望一个空间有清晰和熟悉的感觉，我们可以用自然光的气质。通过努力复制或加强方向、颜色、强度和自然光的变化，可以让这个环境具有与外部世界同样熟悉的气质。几千年的传承和进化使人类的生理和心理更适应和倾向自然光，上述方法为我们提供了一个易于理解且光线充足的环境。反过来，我们看到的外观世界，它的光线和色彩及构图，在工作环境中容易产生令人惊讶和不和谐的效果，这也可以用来吸引人们的注意力，或巧妙地通过某些不好的触发方式，阻止他们进入下个空间。

现有的照明装置是好是坏，可以用自然光的实例研究告知客户。享受和捕捉自然光，才能更好地理解和运用自然光。(图 5-5、图 5-6)

作为灯光设计师，我们应该了解和定义关于自然光的质量，再去选择是否接受某种照明装置。

图 5-5

苏格兰斯特林城堡人民会堂的灯光，是通过光层次来创建正确的视觉平衡。

图 5-6

大部分灯光安装在墙头上，70 W 金卤上照灯安置在橡树梁屋顶 (A)，为了防止眩光，方便游人仰视，环境光使用 70 W 金卤射灯 (B)，并使用 150 W 金卤泛光灯提供下照明 (C)。窄角度卤钨射灯挑出来的纹波 (D) 和嵌入式光纤下照凹位 (E)。在晚上，低压卤钨射灯照窗台用于替代日光 (F)。每个回路可独立控制,以便根据场景转换。此外,投影可提供晚会的照明功能(G)。如需要投影可以编程并提供颜色光。

灯光提供：皮尔斯和梅杰公司。

了解灯光层次

一个明亮的景观看起来是由阳光照亮的,然而,天空也是光的另外一个增加因素。当它是清澈的蓝色，天空就会提供大量的阳光间接照射光。考虑到天空作为穹顶的中空，并且向下延伸到各个方向的地平线上，我们从这个天幕接收到的直接光线来自上方与地平线的各个方向，出于这个原因，它没有方向性，因此不会产生强烈的阴影，只会产生光的漫反射。

阳光反射下的云层，在地面上的物体表面和空气中产生不同的光层次。直接光线区域的阴影或天光接收到的自然光是从地面、叶子、水、雪和建筑物反射而来的。一些反射光往往反射出物体表面的颜色，有光泽的表面能聚焦，创造强度高光，如从水纹中反射出的动态的、波光粼粼的效果。（图 5–7）

图 5–7　波光粼粼的水面

图 5–8

本图中，设计师控制日光进入室内空间，直接代替人造光并允许它在逐步变暗的方向通过。安装洗墙射灯到屋顶玻璃的灯光轨道上，当有足够的光线照亮空间时，这些灯具可以关闭，也可以逐渐减退，在光线不足时起补充作用。

光在自然的世界里是从多个方向而来的不同的光层次：强烈的定向光与柔和的漫射光交汇，白光与天空反射光混合，产生微妙的色调。这种混合在不断地变化，在不同时间形成不同的光色构图和明暗阴影。相比之下，大多数人造灯光的工作环境有统一的灯光，光往往来自一个方向。当然，也存在一些意外的反射光。虽然自然光线下的图案、纹理和阴影为我们提供了视觉的丰富性，但它们往往被故意排除在大多数人造灯光的室内设计中。这也难怪，与自然世界设计的奇妙光线相比，许多工作场所都是如此平淡、冷淡的气氛。（图 5–8、图 5–9）

图 5–9

阳光直射是自然光的一个组成部分，小部分在大气上层造成阳光散射。光谱蓝色部分分散最为强烈，因此天空是蓝色。直射阳光被云层反射，有大部分被反射并远离地球表面。云也将阳光投射，这是扩散方式，并通过它所包含的水和冰对阳光进行过滤。在严重的阴天，这种扩散可以产生一个几乎无方向性的光线，因此地面几乎没有阴影。阳光是由各个方向的所有自然光组成的，会产生最高亮度的光和最好界定的明暗光影。

节奏变化

光每时每刻都变化着，天气预报系统探索它不断变化的规律，并使我们了解这种变化的特征。即使光从来没有改变我们的视线方向，但我们周围的光线也在不断变化着。这种持续的、不安分的变化定义了自然世界的光线。设计师永远不要低估视觉世界的丰富体验。

在设计建筑环境的灯光时，我们需要记住节奏的变化，并结合自然环境中的感受。在人造的世界中，我们不一定总是要设计复杂的控制系统，设计应适当地变化。在大多数类型的建筑中，这些变化可能是不必要的，因为在这其中，人们需要从一个空间移动到另一个空间。可以在一个空间内创造一个体验区，巧妙地应用视觉丰富性和不同的光氛围，小范围地去刻意改造光色、色温、亮度、方向，容易实现空间不同部分的重点照明，并可以将一个原本单调的空间体验变得有趣。为了达到最佳的设计效果，设计师应该精确计算光线和色彩，满足客户的视觉体验，而不是简单利用光来照亮任务区域（仅照明功能）。（图 5–10、图 5–11）

图 5-10

私人住宅项目的走廊。设计师在设计时采用光线节奏，使走廊自然舒适。

图 5-11

在希腊的一个餐厅，设计师营造出自然光交错的视觉装饰效果。作品来自 K 工作室。

通过灯光营造戏剧

有些灯光是戏剧性的，它必须与普通灯光区别，是可预测的，它也应该是惊人的、不同寻常的，甚至是完全出乎意料的。如同大气条件为我们提供令人眼花缭乱的彩虹与划过天空的飞弧完美结合的这种快感，在琥珀聚光下的雪峰之上，从特定角度可以看到在山峰之间投射的稍纵即逝的日光。（图 5-12、图 5-13）

虽然我们不必在乎阳光是什么亮度，但作为设计师，我们需要能够识别它。我们可以有意识地决定什么应该是视觉的重点部分，哪些应该退居后面，并依此设计灯光。为了使一个物体或表面脱颖而出，并不需要使用非常明亮的光源，而是整体上需要有一个良好的对比度控制。想要创造视觉重要性的层次结构和光层次的工作氛围，应确保一个空间均匀的灯光环境。

舞台灯光可以选择灯光不同的方向、颜色、明暗等组合，或选择这些元素任何的变化格局。但戏剧需要新奇，所以，过多使用灯光效果就比较常见。壮观的灯光效果需要创新与精心编排，以维持惊喜的元素。（图 5-14、图 5-15）

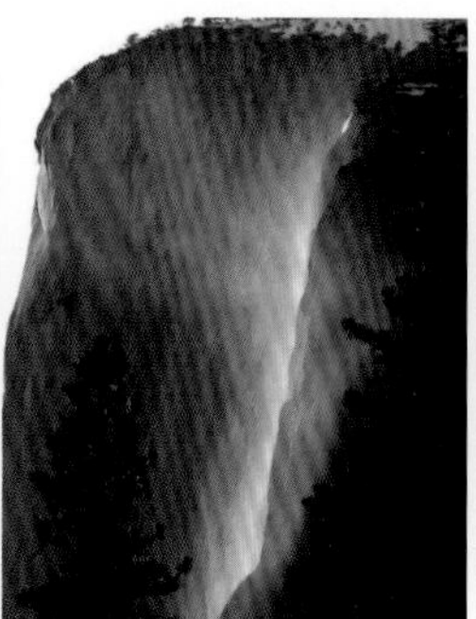

图 5-12

由自然光在某个时间与某个建筑形体和空间结合形成的戏剧性，而影像正好抓住这个戏剧性的时刻，在这其中表达了许多的含义。

图 5–13

水元素是一种普遍而特别的景观，光与水的结合可以出现各种随意的变化。如图所展示的是一种波光粼粼的光环境，在不同的光色温下产生的视觉效果。

图 5–14

阳光透过高层的玻璃天窗，用光影将雕塑与空间隔离开。

图 5–15

高强度的上照灯和血红色的环境灯相互配合，提升了这个戏剧人物的表情张力。

02

光的控制和变化

自然光很少是静态的（图 5–16），那么多的室内灯光只有两种状态：开或关。这就有了改变或控制灯光的理由。在当前的环境下，减少电力负荷与运行成本是最重要的方向之一。如果空间在白天特定的时间有足够的灯光维持，那么明智的做法就是确保把人造灯光关闭。不幸的是，研究表明，直到它们在结束一天的照明前，很少有用户关闭它们，一个好的灯光控制系统和跟踪灯光亮度的设备，无论是房间内还是房间外，就算人们不要求，也可以自动处理和调整灯光的开或关。简单的运动检测器也可以集成到灯具和控制系统，在房间空闲时确保灯自动关闭。

图 5–16

艺术馆的灯光设计创造了不同的场景，使艺术品有了生命。

表面及纹理

关于材质的表面。没有材质表面的反射光线，我们什么也看不到。在空间中，对材质的表现比较重要，而灯光对材质表面的照射位置决定了材质的效果表现。

关于纹理本身的表面。材料可以是光滑、粗糙、有图案、反光或亚光。质地与质量的结合，引导你选择光源的位置，以确保光强不会掩盖材料的质感。或者让你可以在反射表面采用避免眩光的形式，但仍创造出足够的光亮，以防止空间变得沉闷、毫无生气。(图 5–17 ~图 5–23)

图 5–17

图 5–18

图 5–19

图 5–20

图 5–21

图 5–18

图像中的脚印和沙滩涟漪是光线变化的阴影效果，是借助阳光的照射形成的。在阴天时，这些阴影就会消失不见。

图 5–19

如果没有光，人们可能不会注意到石材上的特殊纹理，在这里可以看出通过光的照射，可以增强石材的属性和肌理。

图 5–20

通过光的阴影表现，可以清楚地看到雕像上的表情。

图 5–21

即使表面没有纹理，图案也可以被透射出来。通过一个钨丝灯在笼内部发光，投射出迷人的光影。灯光的滤镜构图通过装饰透光，如果没有反射面，其艺术效果也不会这么明显。

图 5–22

新泽西州大西洋城的西泽项目的灯光设计都是重在表面处理上。在截面图的灯具位置，我们可以看到图案纹理非常整洁，只有小部分的光透到地面上。这种空间因为没有垂直面的灯光，光线并不充足。该照片显示了如何用灯光增强纹理表面，一些纹理元素完全由灯光建立。在拱腹面板中的水效果是由舞台投影设备组合产生的，营造了一种水面不断流动的视觉效果。

天花盖板上照灯的位置：

CA 型颜色荧光灯用于照亮天花板外区域，VA 型颜色金卤泛光灯填补天花板的中间。

壁灯：

SA 型壁灯在入口中庭壁以嵌入式安装。两排 CA 型双光源颜色荧光灯安装，上照到天花板表面。

水纹墙正面投影：

视频投影安装在桥下，结合视频影像在海滨长廊的水平投影，生成动态的瀑布视频图。

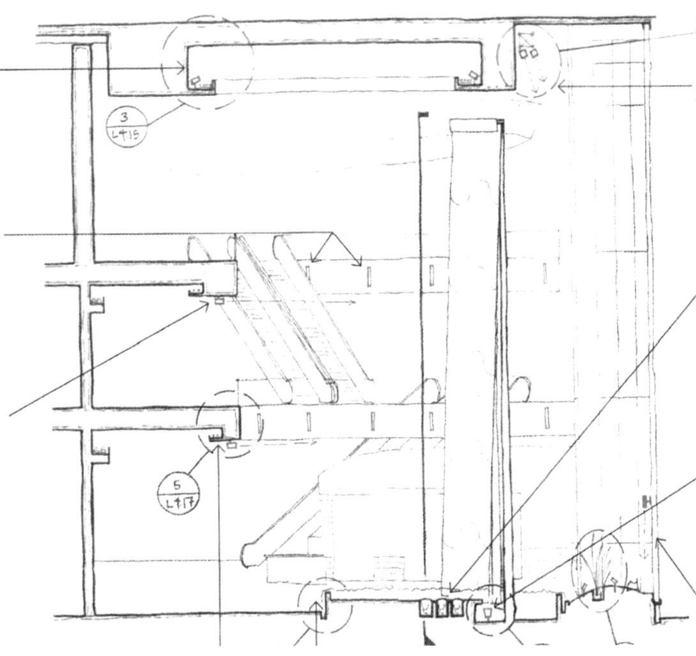

壁画洗墙位置：

VC 型颜色金属上照灯嵌到伸缩框架上。架上也可以安装升降装置，连接电机、绞车，以便降低或对灯光设备进行维修。

水纹面上的照灯：

WH 型嵌入游泳池底，用于洗亮水纹墙位置，统筹承包商要求，与更好的板凹位配合。

水纹墙基础上照灯：

WA 型水底灯装在瀑布墙的基座上。

室内海滩区：

KO 型，KG – 2 特殊安装在人造沙内，GA 型用于沙后岩石的内部照明，电气承包商要按要求提供接电。

中庭边缘盖板：

一行 CA 形双光源荧光灯上照到天花板表面。

无边际水池边上的射灯：

FR 型线形灯光安装在池边侧壁，根据需要在附近安装 LFR 型电源。

图 5–23　表面及纹理的灯光项目案例说明

光的氛围

白天与黑夜

白天给我们动力，是工作的开始，而黑夜意味着休息，是工作的结束。这是原本自然规律和生活的定义。通过人造光的发展，我们也利用人造光打破这种规律，让生活更加丰富。因此，人们常常说光即生命。

以上说的内容所包含的信息多数是我们眼睛所接收到的信息——视觉世界。眼睛是人的视觉来源，接收外界 80% 的信息，这一切都建立在光的基础上。所以，光给予我们很重要的安全保障，这就是光明所代表的安全感。

我们也知道一年四季日照（自然光）的变化，就冬季和夏季来说，它们分别代表着寒冷与炎热。灯光也是如此，使我们有了冷酷与温暖的氛围。这也代表了光色的一些定义，当然，在技术上来说，我们还有其他科学的表述。（图 5–24 ~图 5–26）

图 5–24　冷色（冬天）

图 5–25　暖色（夏天）

图 5–26

在灯光设计时，通过对光色的应用，可以使天花板呈现自然冷光，与商场内的暖光形成对比。

03

自然光的混合使用

在我们所知的自然光中，太阳与月亮占主要的部分，还有一些象征我们科学探索的自然光，包括宇宙的星际等。

比如在厦门绿岛酒店设计方案中，采用自然光特别效果的混合使用，设计一个建筑的外立面灯光表达，最终让客户清楚地理解自然光混合使用的概念。（图 5-27、图 5-28）

图 5-27

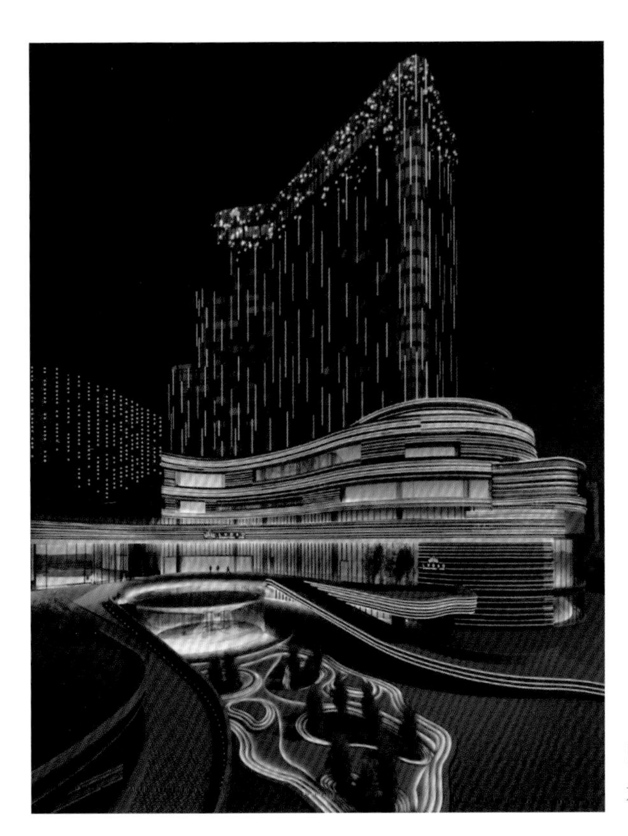

图 5-28
水头——弘超酒店灯光概念

影子

影子也是与光相辅相成的一部分。无论是在自然光还是在人造光中，都在利用影子表现渐变，它使得一切变得更加立体。在艺术绘画中，我们也常常用到影子的元素，它是艺术表现的一个很重要因素。在艺术绘画中，我们用笔创作，而在整个世界中，我们运用的就是光。

关于影子，有太多太多的东西无法用文字描述，我们可以根据某些信息，跟随着我们的视觉去体会影子的创作。（图 5–29 ~图 5–32）

图 5–29

图 5–30

图 5–31

图 5–32

图 5–29

光穿透树林造成的明暗效果，拉长了树木。

图 5–31

光与动物结合，形成更加鲜明的立体感。

图 5–30

影子组成了暗与光的对比，揭开了万物的面纱。

图 5–32

所形成的背景正是影子的衬托——山与水的倒影。

渐变

渐变是明暗过渡，在自然光线下，渐变的光效果往往出现在日出和傍晚，其他时间不是很明显。而人造光中，渐变是很普通的情况，这种情况常常作用于夜间的环境。渐变也是可以随着时间的变化而被控制的，从而达到不同的光效果，营造不同氛围。

设计光线的渐变可以提升空间的高度感、宽度感和舒适度。(图 5-33 ~图 5-36)

图 5-33

随着太阳的升起或落下，光线渐变更加明显，提醒着我们时间的变化，也使整个世界呈现出一种节奏美。

图 5-34
方所灯光概念设计提案
林湧金灯光设计事务所

在一些特别的项目中，讲述一个商业与历史的结合。在灯光场景中，灯光渐变创造了这种特别的视觉，空间的特别之处被渲染出来，表达出了历史和文化的味道。

图 5–35
四川王朗自然保护区灯光概念设计提案
谱迪设计

我们从建筑外立面的平面图纸上设计灯光，通过渐变的效果，表现夜景的建筑形态，创造另一个三维的空间。

图 5–36
北京 Element 项目灯光设计
林湧金、林亮光
设备提供：ACL

不同空间层次采用的颜色呈现渐变效果。在一个小的休闲酒吧，渐变灯光与建筑空间融合，巧妙地体现了造型图案和空间层次，同时避免了一些施工细节不到位的瑕疵。灯光的表现使空间更加完美。

第 6 章
Chapter 6

照明的场景

Lighting Scene

照明设计作品的特定内容必须借助一定的照明语言才能表现出来，成为可供人们欣赏、感受的对象。没有照明语言，也就没有照明设计作品的存在。各个艺术门类在长期的历史发展中，都形成了自己独特的艺术语言。如绘画以线条、形状、色彩、色调等艺术语言构成绘画形象；音乐以有组织的乐音、旋律、节拍、速度等艺术语言构成音乐形象；建筑以空间组合、形体、线条、色彩、光影、质感和装饰等艺术语言构成建筑形象，其中光影又具有独立的语言。

照明语言是照明设计师的创作手段和目的。影响照明语言的因素很多，如媒介材料、文化传统、个人性格、时代背景等，媒介材料是照明语言的物质基础。设计师使用的空间、材料、手法，表现的形象等客观行为和状态反映了设计师的性格、认识和思想等主观意识。主观和客观因素共同构成其照明语言的个性特征。

01 照明语言

没有一种物质能像光这样被寄托众多的含义。在汉语中，“闪耀、模糊、辉煌、灿烂”等描述光的词汇不胜枚举，然而，它们之间的差异往往模糊不清，对其能够正确使用，且能详细区分和说明的人很少。

英语中描绘光的词语相对少一些，但是，这些词汇更容易形象地表达光。如刺眼的强光是“glair”；星星闪闪的光是“twinkle”；虽然有光泽面，但不刺眼的柔和光是“luser”；像皮影戏一样影像轮廓清晰的是“silhouette”……这些词汇丰富而严谨。(图 6–1 ~图 6–3)

图 6–1　时刻变化着的黄昏日光

图 6–2　闪耀的圣诞节灯饰

图 6–3　用透射材料形成黑色轮廓的皮影戏

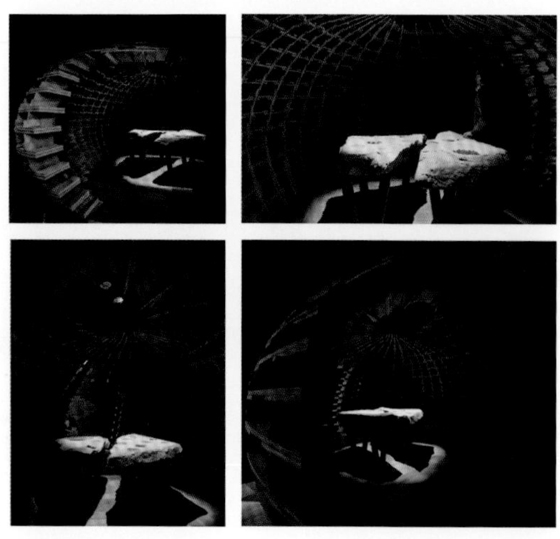

图 6–4

智利圣地亚哥城中一座酒店的设计型店铺——空间 FA，高亮光的使用创造出一种独特的穿行空间体验。

在英语中，“highlight (高亮光) ”是指用聚光灯等使被照明的对象产生反射，比周围更加明亮，视觉效果更加突出。

实际上，用人工照明空间时若采用高亮光，如 10 倍以上的照度与反射率高的对象相当的话，整体空间的亮度会更加光彩夺目，若用 100 倍以上照度的话，对象自身会宛如光源那样熠熠发光。若采用高亮光，即使是像云雾笼罩的天空那样单调枯燥的照明空间，也会变得生动活泼，气氛和景色也会得到很大的改善，就像云雾中射入阳光那样美妙无穷。(图 6–4)

墙壁表面光洁如洗，得到明亮且均匀的光照射的照明方法，被称为洗墙。在许多以公共建筑为中心的建筑中，常常看到它的身影。在通常的视线中，人们见到的更多是垂直面，于是，设计师可以用积极的姿态对墙壁进行照明，以达到空间更加明亮、视野更加宽阔的视觉效果。当然，墙壁的材料和做工不同，其照明方法也应不同。(图 6–5)

图 6–5

02

照明表情

照明手段和方式随着光源种类的不同而变化。另外，建筑物和照明灯具上使用的不同材料，可以反射、透射、折射光源所发出的光线，从而大大改变从光源放射出的光的性质。

透射材料中，有半透明的灯笼纸、糊窗纸、薄片大理石、半透明塑料、半透明玻璃、蜡石等。另外，还可以选定某一波长，将它作为透射材料的滤光器，包括以颜色滤光器为代表的紫外线滤光器、色温变换过滤器等。还有一部分透光、一部分遮光的材料，例如：表面能够透光的丝或者棉的纺织物、有网眼的纺织物、排有整齐细密网孔的金属板等。(图 6–6 ~ 图 6–11)

这些透射材料主要用于照明灯具上，由于生产和加工工艺的不同，以及使用不同的光源，可以得到独特的透射光。白炽灯和荧光灯的一次光源，通过反射和透射，使被照物的表面也可以成为光源，这就是所谓的二次光源。

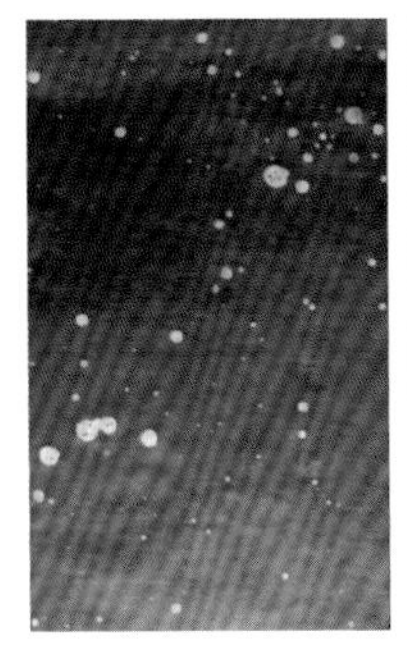

图 6–6

灯笼纸在被穿透的状态下，纸上的纹路被强调出来，突出了色彩的印象。

图 6–7

雾面的质感在灯光中产生浅色的渐层扩散，具有透明感。

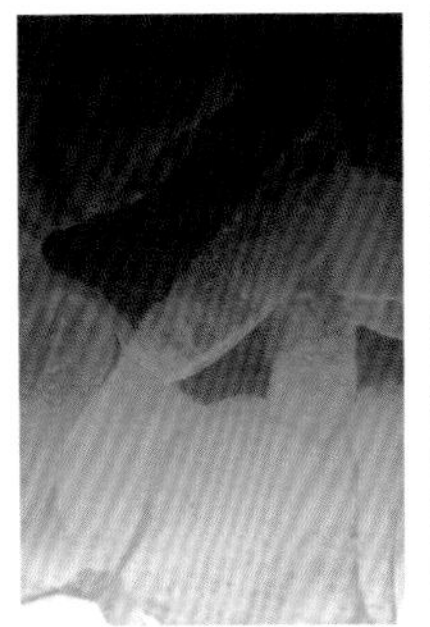

图 6–8

花岗岩的花纹中，偏白的颗粒在未透光的状态下，变成影子显现出来。

图 6–9

半透明玻璃的透感较高，气泡、裂痕、结晶会扩散，反射的光线呈现出独特而美丽的梦幻感。

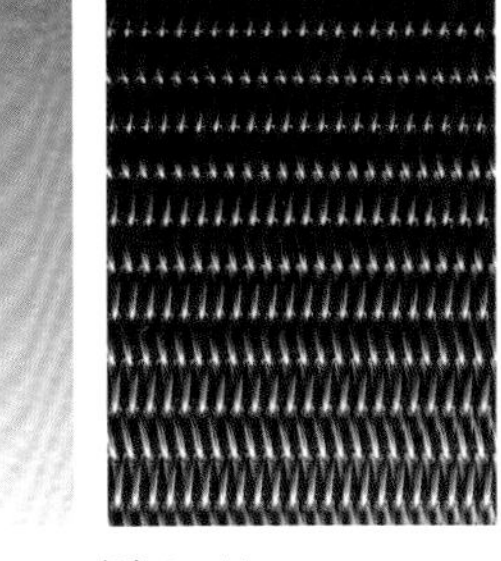

图 6–10

压花亚克力的面上加白色涂料，涂料层会随面的凹凸产生厚度的差异，与光线结合会进一步加深阴影。

图 6–11

用灯光凸显曲线的细小网眼，突出材质的有趣之处。

03

照明气氛

在照明的语言中，光和物体表面材质、场所空间相互作用，才能获得自己的生命，才能唤起空间的共鸣。

当夜幕降临，没有空间概念的存在状态，光的能量与生命爆发。光给予物体自主性，同时描绘它们之间的关联，这是空间生命的源泉，是空间美的表现元素，所以，现在的照明设计已经成为一种艺术创作形式，灯具的巧妙使用就成为设计师手中的画笔，设计师根据建筑、景观、空间的构成形式，利用照明诉说对事物的理解、感受，抒发情感。

灯光在某些环境中，可以达到“瞬间诗意”氛围的效果，这也许就是光对空间的极限表意作用。因为氛围是一个不容易被解释的词，它只能去被感觉、被诉说。创造光的“画卷”就是要钻研空间和人的戏剧性，当空间改变时，人们的眼睛不停地转动去欣赏这个空间，与不同方向、不同空间光的不同类型相比，我们如何调整一个特别的空间？如何顺利地把每个空间连接起来？这种连续性的设计才能创造出戏剧般的情景效果。(图6–12)

一个使人兴奋的空间和一个使人安静的空间，很明显需要完全不同的灯光设计条件。有时灯光设计的主题通过对环境的相关特性进行分析被合理地推断出来，设计的特定条件系统化和一开始采取的方向是十分重要的。灯光用自身独特的语言塑造了空间的性格，形成了各种不同主题的灯光氛围。(图 6–13)

图 6–12　气氛板——欧科用户手册

气氛板收集了各种素材、光色，来直观地表达气氛，可以在一个相同的空间内根据不同需求创造不同的灯光场景。这能很好地体现自然光与人造光之间的关系。

图 6-13

“时尚 | 浪漫”

圣淘沙湾 W 酒店是新加坡——这座海岛城市独特的魅力。

从整个酒店的建筑外立面到景观，再到室内空间，W 酒店秉承一如既往的设计哲学。尤其是夜间，时尚、创新被设计师大胆地挥洒在酒店的各个角落，通过简单却大胆的光色表现，重新塑造酒店的形象，让游客最直观地感受这个酒店的浪漫氛围。

多年来，“Life Style”是 W 品牌酒店倡导的内涵所在，而这也正是圣淘沙湾 W 酒店所倡导的。将极致设计和优雅的舒适性完美结合，使人们与空间产生一种精神对话，并开始深层次地探索生活。(图 6-14、图 6-15)

图 6-15

图 6-14

“低调 | 奢华”

同样是 W 品牌酒店，香港 W 酒店就与新加坡 W 酒店有着完全不一样的风格。

香港 W 酒店地处香港繁华的新建商业、娱乐和文化中心区，位于一座气势磅礴的临海摩天大楼内，有香港最高的屋顶泳池，一个位于 73 楼的现代健身中心，面积约 762 m^2 的一流的可转换会议和活动空间等，这给客人一种无与伦比的尊贵感受。

建筑的外立面结合室内大型灯光装置，使得整个外立面呈现为一个发光的玻璃盒子，还有若隐若现的品牌 LOGO，给人一种高贵神秘的观感。一进入 BUBBLE LIFT，便能体会到灯光为整个酒店带来的性格。从餐厅到客房，用最简单的灯光语言体现酒店在奢华中的低调。(图 6–16)

图 6–16

“温馨 | 舒适”

西班牙伊瓜拉达 N1 别墅是由三个立方体构成，这三个立方体之间是庭院，这样的安排使每间屋子和空间都能够有充足的光线。

这些立方体房子在设计上比较静态，包括客厅、厨房和卧室等。从外表上看，犹如一整块的石头和固体物，窗户是在石头上的穿孔。此建筑的照明设计就是抓住这个特点，利用室内的照明去影响建筑的整体形象，增加建筑外表的厚重感。(图 6–17)

图 6–17

“神秘 | 幽静”

在13世纪的本笃会教堂修道院中，神圣的空间氛围需要突出视觉中心，唤起人们崇敬的情绪。设计灵感来自早期用烛光照亮建筑创造的氛围，光的质感应该柔软、温暖而模糊，通过提供各级层照明，可以简单调整以适应不同仪式的气氛。从安静的祷告到高质量的大弥撒，光与影敏感而微妙的相互作用，进一步表现了体系结构的质量、体积和细节等关键部分的设计。(图 6–18)

图 6–18

7

第 7 章
Chapter 7

人与照明
Lighting and People

照明的最终目的是关乎人的需要，但照明效果常常是人们的次要需求，更多的是在意造价高低及哪种效果更容易实现。那么，什么样的照明是人们真正需要的？多少光是足够的？（图 7–1）

图 7–1

进行照明设计时要考虑照明与人的需要，甚至是环境的可持续发展，这是做好照明设计的基础。

每个国家都有相关的照明规范和标准，它们的提出都是为了指导人们用多少光来创建多亮的空间。标准通常被细分在各种不同的空间中，如入口大厅、走廊、办公室、体育馆、车站等活动模式的建议。这些标准被认为是最佳做法，有时用于灯光的最低国标要求。它们通常基于检测试验一系列灯光条件任务的研究。

快速地查看任何一组灯光标准示例，如：入口大厅地面需要 200 lx，走廊的地面上建议 100 lx，教室的办公桌高度平均照度 300 lx 与均匀度 80%，还有五人足球场比赛开始需要 500 lx。这些变化都与视觉任务的难度和危险所涉及的层面有关。所以在走廊行走需要的光比阅读书本或快速移动的球类运动需要的光要少。

设计师必须在符合合同或法规标准的基础上，去满足许多标准构成的要求，但在一个标准或规范内设计也不能保证一个建筑看起来亮得很好。所以，过度依赖工作指引的规范，而不考虑影响用户的各方面因素，这种体系经常产生不良的照明效果。

一个好的设计师认为，规范和标准是最低的要求，但这不是处方。人根本没有办法在环境中看出来哪种是标准照度，除非他们带了测量的照度计。

亮度的感知有时会远远高于实际测量的光照水平，这一点更重要。尽管地面上有充足的光照，但没有光在垂直表面（我们实际上往往看到的表面），这将可能创造一个很暗的空间。（图 7–2）

灯光规范和标准能提供一些肯定的指导，但要创建一个光线充足的空间，还要考虑其他因素。一个好的设计不只是简单计算出达到地面的亮度水平。

图 7–2

尽管在地面上有很高亮度水平的自然光，但垂直表面却是黑暗的，使空间感觉很暗。空间的表面亮度没有做任何措施照亮地面，使人感到压抑。

01

建筑照明与生活

地理标志

地理标志是建筑物的个性，通常形成地标的建筑物需要让人印象深刻、富有美感。在夜晚，建筑灯光可以创造这种特性。（图 7–3、图 7–4）

图 7–3

图 7–4

氛围

氛围代表空间的情绪，可以让人更快接受和融入环境中，灯光的作用就是可以创造舒适感。（图 7–5、图 7–6）

图 7–5

图 7–6

图 7–7

图 7–8

图 7–9

图 7–10

图 7–11

科技与艺术

灯光技术不断地更新，创造了夺目的奇迹。原本不生动的空间和造型，借助灯光获得了生命力与艺术美。（图 7–7 ~图 7–9）

商业与生活

人们在辛劳的工作之余，休闲和商业是生活的重要组成部分，灯具可以增加这种情趣，跟进商业的运营，创造商业效益。（图 7–10、图 7–11）

02

灯光的舒适性和安全性

应急照明是灯光设计的特定区域，需要仔细检查相关的规范和标准，以确保设计遵守和符合要求。在电源故障的紧急情况下，电池供电的灯光设计为自动切换，以确保灯光有一个合适的水平，特别是建筑物的安全出口。应急灯光设计要求根据活动不同而有所不同。高风险的区域，如快速移动机械的地方，需要更高水平的光，办公楼的大厅也是如此。给定照度水平的高均匀性往往被建议用于正常使用，这有助于人们意识到最主要的光线条件下，当紧急疏散时，一个办公大厅可能需要的照度水平最低只有 0.5 lx。安全照明灯具与正常照明要求有着非常不同的标准。

除查看应急照明情况以外，舒适性和安全性有时被看作是无关紧要的。然而任何照明装置通过眩光或对比度使用户感到不舒适，是不太可能产生安全的感觉的。但是，什么样的光线能够让我们感到安全呢？

没有舒适性的光线是不可能让人感觉到安全的，这是很大比例的原始需求。对任何动物来说，安全性比舒适性更根本，这是想要的额外渴望。这似乎是许多公共场所的灯光往往用设计满足基本安全任务需要采取的一般方法。额外的点缀，可能是不错的，但不是必需的。尽管这是设计师的观点，并最终使得用户的看法得以改变。如果我们设计的光环境是特别的，能够让用户感到舒适，那么我们就已经建立了安全的意识，并可能涉及任务照明的许多要求。（图 7–12、图 7–13）

图 7–12

应急照明在公共建筑中是由电池或一个独立的电源供电，以确保内部不会发生电源故障，完全黑暗。表面安装灯具是一种常见的解决方案，但是不够美观，往往缺乏整体设计和应急照明之间的协调指引。其中，后者是独立于一般照明的。现代 LED 光源让紧急照明可以是非常小且紧凑的。在这张图片中，通过光源的补充创建的坚实节奏被旁边安装在天花板上的紧急照明所打破。这种设计实在没有必要。

图 7–13

虽然这里没有出口标志，可在这张图片上，楼道里确实有应急照明。嵌入线型荧光灯连续通道灯具（在走廊的左边）提供了空间的主要灯光。少数的这些灯也提供了由电源供电的应急照明，如果电源有故障，这部分灯光会保持供电。应急照明与一般照明已统筹协调，这是一个无缝集成的解决方案。

工作功能（任务）灯光

工作照明是照明标准的基础构成，是不同工作灯光方向的设计标准，但这些标准主要集中在灯光质量和数量的需求上。与以往一样，好的灯光需要比符合参考标准简单得多。我们应该站在客户的位置上来思考怎么设计灯光，这样可以想象他们究竟需要什么样的灯光效果。我们需要确保灯光设计的效果不会影响手上的工作，这使得我们在设计中需要考虑光源或是通过反射表面产生的眩光，它可以保证设计正确探讨设计对象包括的定位灯具位置和光影。工作灯光通常被认为是阅读需要的照明，是打字或操作机器等直接活动需要的灯光，但一个好的设计师应该考虑更广泛的定义。在复杂的工作范围中，灯光不只是一个单独因素的存在，设计师应查看整个灯光环境，保证工作灯光的舒适度。周围空间如果是黑暗或是危险的氛围，那么即使是高光区也不能帮助工作者。

好的工作照明设计创建的是一个强度和方向完美结合的活动场所。在多数情况下，允许提供一些个别的、最佳的体验控制，感性的控制总是在工作场所满意度调查中较为显著，而且人们很容易提供这些局部可控的灯具。

传统的照明方法涉及从环境灯光最低标准以上设计和应用的任何特殊灯光，这需要从高照度的空间中通过环境过渡来切割光线。另一种方法是使用功能灯光和用户控制的台灯，在需要的地方建立视觉层次，增加环境光。在这种方式中，功能照明是整体方案的一个组成部分，而不是一个附加成分，可能会影响最初的成本预算。（图 7–14、图 7–15）

图 7–14

图 7–15

可调台灯在办公环境中常被称为“工作灯”，但不同的环境有不同的工作任务和灯光需求。在这个酒吧和餐厅中，为顾客提供“工作灯”的主要视觉任务就是他们和同伴的美食。后面的酒吧工作人员需要能够清晰地看到饮品和酒吧的设备、客户的面貌、收银台面。

灯光的方向

许多建筑物的走廊空间比较压抑。走廊是人们可以随处移动且不干扰其他邻居的空间，但这常常并非是给人深刻印象的舒适空间。这些建筑物中心常常是日光较少且很难看到户外。由于它们经常被看作是一个简单的附属“主”空间，所以其不够理想的光照效果很少引起人们的关注。（图 7–16）

在一个开放的景观内，我们周围的景观往往包括上方天空和下方地面，它们占据了我们视觉的垂直元素。所以，灯光设计的一般做法是照亮上面与较暗地平面的垂直表面。这不是典型的走廊灯光设计经验，这些嵌入筒灯的直线灯光照到地面，剩余的天花板平面灯光较暗。

如图 7–17，这个比较典型的山洞案例使我们能够理解为什么人们有一种倾向光明的本性：要摆脱黑暗，走向光明。明亮区域具有开阔性，而黑暗的区域缺乏生气。

意识到这种现象意味着你可以通过改善自然光的方式发展内部空间，而无须诉诸大量的标志牌。确保光照水平可以增加出口和空间的开放性，有助于吸引人们到这些地方，远离黑暗的服务和工作需要。（图 7–18、图 7–19）

图 7–16

同样的走廊空间的两种光照。明亮的光线显然比暗淡的灯光设计更加诱人，人们通常都会选择光明且舒适的空间。这样的案例中，出口是明亮的角落，采用表面安装的荧光灯具以较旧的照明方案将出口设计在走廊明亮的部分。它没有被故意设计来引领人们走向出口，而是巧妙地展示了光的不同模式，由表面安装和嵌入式灯具构图体现光的引导作用。

图 7–17

在山洞里，明亮的灯光信号就是出口。图为在加利福尼亚州圣格雷戈里奥的一个山洞内看外出口。

图 7–18

在现实生活中应用非对称灯光方案。灯光设计与建筑设计紧密合作，将灯光融入一个非常低的空间。天花嵌入荧光灯洗墙灯具提供了卓越的灯光效果，这是空间内唯一且必需的电气照明。

图 7–19

即使是在白天，也没有人会在进入这个空间后感到舒适。走廊尽头有明亮的光线，暗示尽头是一个开放的空间。

走廊灯光（Photoshop 场景案例）

走廊往往是视觉印象最少的空间。许多的建筑物走廊路径作为现场循环并不受人关注，往往退居幕后作为简单的功能作用而存在。适用于此类型闲置空间的灯光往往反映了类似功能并较少为用户考虑，其结果是走廊成为一个压抑的空间。基于这个原因，对走廊的灯光进行简单修改和改进，可以使用户对建筑物的视觉体验更加舒适。沉闷和乏味的场所给设计师更大的发挥和创意空间，去进行有关如何使用灯光改造区域的一些实验。在这个案例中，没有灯光计算和模型软件的需要。改造采用 Photoshop 进行简单的光亮和黑暗的调节模拟。展示给客户时，可以用简单的光影变化来快速实现戏剧化的灯光效果，方便客户参照实物模型进行灯光设计，这也是较直观和实用的方法。（图 7–20 ～图 7–25）

图 7–20

图 7–21

图 7–22

图 7–23

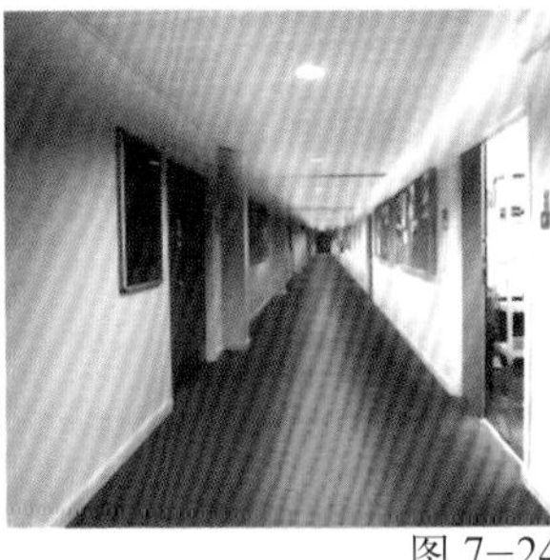

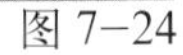

图 7–24

图 7–25

图 7–20

原图片显示的是一所大学建筑内的走廊空间，它是关于采用均匀灯光的基础方案的例子。整个空间通过使用紧凑型荧光灯（节能灯）、嵌入式筒灯，虽然空间内有大量的光线，但看起来依然不觉得很亮。墙上部分接收灯光来自筒灯直射光，部分光线反射到墙体造成阴郁气氛。在上壁和天花板上的唯一光线是从地板和下壁反射的，大量昏暗的光影具有降低空间高度的心理作用，增强了幽闭的感觉。

图 7–21

用照明编辑软件尝试上述照明空间的替代方法。走廊经常被看作是对称的，照明灯具一般被安排在空间的中间。在这个窄空间中，灯具没有理由必须位于中心，它可以创造不对称的照明。在此图像中，右手的房间组成了建筑的外围，让这面墙更轻，可以显示在周边较强的自然光，提供了一个墙面全部的强光线，也提供了一个空间的方向质量。沿着走廊方向步行会给人与左图空间不同的视觉感受。如果应用到位，这种潜移默化的作用可以帮助游客在建筑物内了解自己的位置。

图 7–22

一个低而黑暗的山洞效果，很大程度上是由天花板相对较高的亮度造成的。你可以很容易地看到使用 Photoshop 处理添加后，光线直射到天花板的效果。在这条走廊里，白色的天花板反而比地面更亮，整个空间使用少量的光线直接作用到天花板，比多数要求作用到地面的光线看起来要明亮得多。现实中，天花板也会将更多光线反射到墙壁。天花板不是很高，因此照明到天花板的光线分布均匀，效果是显而易见的。

图 7–23

将第一个图像与向上照亮天花板结合来照亮墙壁且用于照明，得到非常不同的氛围。

图 7–24

用一组窄光束筒灯创建直线方向的亮度，引导观众的眼睛从走廊开始望向尽头。尽管比第一张空间明亮，走廊底部的黑暗却不被人喜欢。

图 7–25

即使墙面和天花板是黑的，但在走廊尽头用明亮的光线和灯光创建强烈的视觉效果可以吸引人们进入空间。它是有效的，通过调节灯光，打破很长的空间，将其分成更小的部分。明亮的区域在走廊尽头吸引人们的注意，灯柱创造一系列明亮的颜色变化，可以用在机场或是车站中较长的步行道上。

03

案例分析

案例学习：法国巴黎戴高乐机场 2F
灯光设计与建筑：巴黎机场

戴高乐机场的 2F 建筑设计中的核心理念是：借助建筑空间的大小比例，使用灯光作为自然的指引导向。巴黎机场创造了一个建筑设计语言——“跟光走”，这是人与灯光的互动。

在这个建筑中，从办理登机手续的柜台，陆续地通过离港、安全检查，到最终的登机口，其中充斥着精心打造增加的自然光。建筑师认识到这种精心规划的光控制会允许他们引导离港旅客，而不必动不动依赖于大型指示牌。这种通过复杂的光线应用，帮助旅客指引方向的方式在当时是不多见的，大多数系统不得不依靠标志指示方向。（图 7–26 ～图 7–29）

图 7–26

通过检查区走向登机口，线型屋顶开始逐渐扩大，让更多的自然光进入大楼，还能营造出强烈的视觉线索来引导游客的方向。

图 7–27

登机门是玻璃顶。屋顶覆盖在外部的格栅上，建筑师称其为“甲虫的翅膀”。这可以防止过度的光与热透入玻璃结构。虽然玻璃到楼板的百叶较密，但停机坪一览无余。

图 7–28

乘客接近登机口处，混凝土屋顶剥落，留下钢和玻璃结构，明亮的天花板给予登机口强烈的拉动指引。

图 7–29

建筑师在释放日照自然光时，避免阳光直射，控制自然光的量，在屋顶设置玻璃屋顶，让整个候机楼在停机坪上看起来像“甲虫的翅膀”。

避免眩光

有光泽的表面容易反射光线，这可以用来引导直线光线，让它照射在我们希望照射的地方。但当反射光突然耀眼时，可能会影响观者视力。

这种情况没有简单的解决方案，所以设计师需要非常清楚所有潜在的反射光线来源。眩光的问题是复杂的，而且并不能在规划图纸上反映出来。控制眩光要求设计师在三维空间和可视化的场景中，从观众的角度不断思考并去体验它。这本书中的项目，在如何避免眩光的问题上，也有一些特别好的例子，如解决眩光问题是灯光工程项目是否成功的标志，这会涉及商业客户的投诉或是费用过度浪费的问题。

长期暴露在光线下可以破坏许多材料，特别是博物馆与画廊的物品。为了保护敏感的物体，对照明标准适当地限制可以保护和照亮展品。这就使得在博物馆及画廊的照度水平较低，可能会导致照明设计的困难体验——任何轻微的照明问题，如眩光和反射的分散，可以将一般情况放大。

在展览区，防止眩光有助于展品展示，以提高展品的可见性。严重的眩光和闪光，加之定位不准或不适当的灯具提供的可视系统，会造成衡量表面灯光过度的光点。我们的“亮度”感觉没有内置的规模，它纯粹是一个相对的评估标准。因此，与非屏蔽或反射光源相比，任何展品的照明水平会显得非常暗淡、阴郁。展品是在玻璃后面时，眩光是一个特定的问题。所以，设计展品灯光系统时，应尽量减少分心思考，需要心思缜密的规划、实验，并花费大量的时间，在调试过程中完善每个光源的焦点。(图 7–30)

考虑到玻璃等透明材料尽管需要依赖于一定的条件，但可以透过玻璃看到物体和表面以外的玻璃比玻璃中的任何物品反射更多的光。这种视觉效果类似于在夜间的街道，当我们走在街上，能够看到房间内部灯已经亮起来。所以，我们可以看到进入房间以后外观的黑暗，部分光被反射到玻璃窗户上。白天，房间可以因为日光透过窗户而更加明亮，然而，街道上的观察者在外部接收到明亮的天空，反而更难看清房间。请注意，此效果无关白天和夜间的光水平差异，它与玻璃上每一侧的相对强度有关。如果我们晚上站在昏暗的房间里看着窗外，可以看到更小的自己反射在玻璃镜面上。

在不那么极端的情况下，我们看到的是映衬之间的显著对比，当这时有一个亮点的反射光，可以分散反射，例如聚光灯效果尤其明显，但也可以适当用线性的，如荧光灯。通常可避免重新定位光源、反射表面或观察角度的问题。人们常常不自觉移动位置以避免反射干扰他们的生活。这种重新定位不是经常有效的，所以其他的解决方案有时也被发现用作反射表面，如玻璃，而不是将光集中光束改变来源，例如聚光灯朝向反射表面，能够通过回弹光漫射表面，如墙壁和天花板间接照亮的对象。随着技术和人性化设计的发展，可以最大限度减少最亮和最暗的表面反射在玻璃之间的对比。以最小的对比度，可以非常容易看清在玻璃以外的任何物体的反射。这种技术可适应工作中看似不可能的照明任务（参见下面几页的案例研究）。

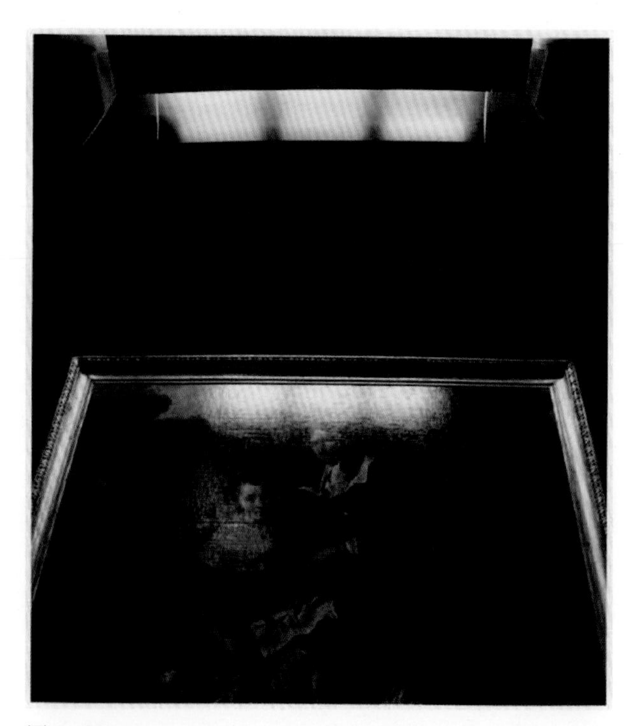

图 7–30

光源在光滑的表面上反射出现镜面效果，对比度降低，如在画廊和博物馆。

案例学习：英国格拉斯哥宗教生活与艺术——圣蒙哥博物馆的低光画廊
照明设计：凯文·肖
建筑师：派基·亚力德·帕克

格拉斯哥的宗教生活与艺术——圣蒙哥博物馆展示的低光画廊，是从桌面角度向观众展示的一组小型版画。在上面的墙面上挂有两幅威廉·布莱克的作品。所以这个项目对光非常敏感，需要对光照水平进行严格控制。从展示中一些参与提供无眩光的灯光，可以看出该空间横截面示意图。

因为陈列柜是倾斜的，装在他们之上的任何灯具将直接反射到观看者的眼睛，遮盖他们眼中的版画，如果光源被移动，从墙上再回到天花板上，观众的阴影会投在地面，显示他们走近它的小角度，在釉面画上形成天花板的反射。壁挂式射灯能够避免反射光进入观众的眼睛，但会在对面的墙上形成光的补充，也能在展品边缘投射阴影。

为了解决这个问题，凯文·肖与派基 亚力德·帕克密切合作，创造了漫射光，它是从几个表面反射后才照到了展品。这给了我们非定向光，使展品完全陈列在明亮的光线下，方便人们近距离欣赏展品。高显色可调光荧光灯被安装在显示器上面的保险箱，定制反射器被设计在围堰的全部内表面提供可传播的光，该保险箱的大小能够体现在陈列柜的区域，因为那里几乎没有对该区域中对比的变化。在外壳顶部的反射是无特色的，并没有造成分心，这意味着在光源及其周围环境之间存在较大反差亮度的直接照明的到来，这将整个库房及上墙作为光源，亮度要低得多，而且似乎没有不平衡，也降低展品本身的保养难度。

对于这些二维对象的解决方案是非常成功的，但在三维空间或纹理展示中并不适用，没有任何方向质量的光线，使人们感受不到它们的深度。（图 7-31 ~图 7-33）

图 7-31

灯饰画作在上端壁，下面有玻璃陈列柜，是照明设计师的最大挑战之一。专门创建的直射上面空白的光，提供了欣赏所需的漫射照明。

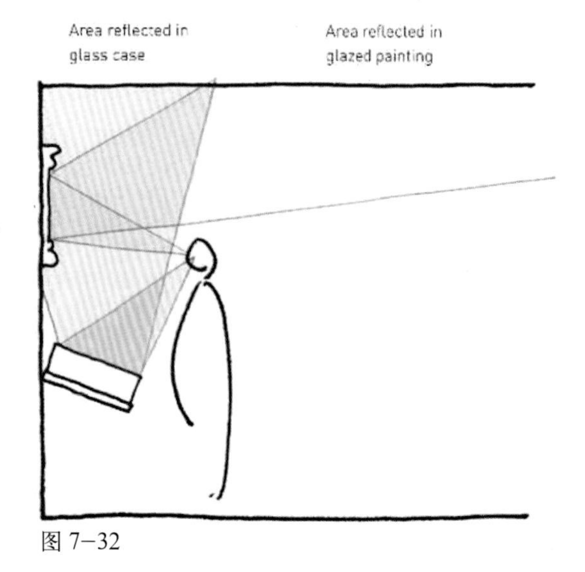

图 7–32

图 7–32

灯光设计师设计的光可以提供一个优良的视觉环境。在适当的光照水平下，同时为显示墙和书桌的情况下，定义对象的照明。解决的办法是减少与线性可调光的对比。设计定制的反射器，可以确保整个白色油漆吊顶空间均匀照明、无暗斑。这会使整个空间产生非常柔和的反射光。在天花板空隙反映在台面的情况下，它呈现低亮度，不通过玻璃干涉该视图。展品是由光照射从多个曲面反射，这将创建一个扩散、无阴影的光，是理想的桌面光线情况。

图 7–33

图 7–33

通过画廊这个草图部分显示的照明问题，必须予以解决。当观众欣赏一个壁挂式绘画，玻璃会反映在天花板区域（蓝色标记）并占很大的比例。安装在这方面的聚光灯将导致观众分心思考。正常的解决方案是更接近绘画，它们将不会反映定位灯具。然而，在这种情况下，成角度的桌子被安放在画的下方，并且其表面反射所有的拱腹区域，其中通常会被放置用于光绘灯具。此外，在蓝色区域的灯具都向着办公桌的情况下，鉴于这是一个光线较暗的画廊，所有的展品都显示有大约 50 lx 的照度水平，聚光灯照明的任何反射将形成这样一个高对比度的反射，会使观众无法观看展品。

第 8 章
Chapter 8

照明文化

Lighting Culture

01

照明文化之人

文化是人与人、人与自然、人与观念之间关系的意义系统。与自然界的存在不同，文化特指所有“人为的事实”，它可以传承、传播，是人类沟通的重要渠道，也是人之所以称之为人的本质特征。

由文化的定义不难看出，文化的主体是人类，那么照明文化的最核心自然也是人类。人类对于照明的感受、认知与应用等，在漫长的人类发展历史的沉淀中形成了照明文化。

从猿到人，人类经历了一千多万年的进化发展。几百万年前，工具的使用，标志着智能人的出现。人们在进入工具时代后，对光的依赖就更大了。“日出而作，日落而息”讲的就是人与太阳光的关系。

所以，现代人类的心理及生理，仍然与光有着很强的关联性。如图 8-1 所示，可以清楚了解照明和人体的关系——生理规律和光的关系。

照明和人体的关系——生理规律和光的关系

照明和人体的关系，如图 8-1 所示。

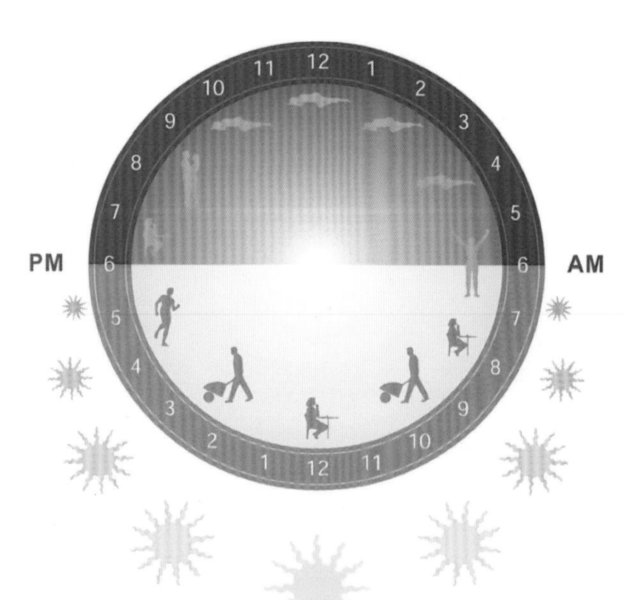

图 8-1

1:00 a.m. ~ 2:00 a.m.
气力、体力一时的低下

5:00 a.m.
食欲最旺盛

6:00 a.m.
血液浓度最高，血液和脉搏开始上升

10:00 a.m. ~ 11:00 a.m.
问题解决力、精神集中力最高——时间记忆力提高 15% 左右

12:00 p.m.
细胞再升力最高、新陈代谢最高

1:00 p.m. ~ 3:00 p.m.
血压、心脉数、荷尔蒙分泌最少

2:00 p.m.
成长荷尔蒙的血液浓度最高

3:00 p.m.
大部分的身体基能低下、但听觉灵敏

7:00 p.m.
精神身体最不安定，血压不稳定

8:00 p.m. ~ 10:00 p.m.
体温下降，新陈代谢低下，听觉神经最敏锐

10:00 p.m.
血压下降，呼吸数减少，身体能力下降，体温下降

照明和人体的关系——心理和光的关系

在同样一个照明环境当中,不同年龄的人群产生的心理感受是有差异的,这种差异除了年龄因素之外,还与职业、文化修养、性别、地域、国别、审美等很多因素有关。总体来说,青年人对视亮度要求不高,更容易接受亮丽、生动活泼的色彩;老年人由于经历的不同,一般要求较高的视亮度,对色彩的追求较为单一;中年人由于职业范围大,生活经验比较多,对视亮度要求适中,对色彩及形式接受范围较广,反应不强。

根据光环境的视亮度、灯光色彩以及灯光形式对人心理感受的调查研究结果,心理学家认为,光环境特别是光色彩,确实可以对人具有某些直接的生理、心理影响,光色通过人的视觉作用于大脑,加上明度的对比,会让人产生温度感、距离感、重量感、体量感,而这些都有可能是由生理影响所形成的。

例如,红色有温暖感,而它在生理上起着促使血压升高和脉搏加快的效果,在心理上产生兴奋;青绿色有凉暗感,它在生理上起着降低血压及减缓脉搏的效果,在心理上产生镇静的作用;黄色则是一种鼓励的颜色,可以促进交往,提高大脑的机能和舒适度;紫色能引发忧郁和伤感;蓝色会给人以一种放松的状态等。

研究结果表明:在一个活动区域内,如果亮暖色(红色、粉色、橘色等)有超过 50%的比例,小部分中年人和大部分老年人就会觉得躁动不安,但很多青年儿童却感觉兴奋、雀跃;如果冷色(深蓝色等)比例超过 70%时,也会给人带来不适的感觉,人们会觉得压抑,心情沉重,青年人尤为明显。有相当数量的青少年对紫色比较偏爱,有很多建议表明,在视听乐园和儿童科技园展区应采用部分紫色装饰,因为在他们心中,紫色是一种神秘的色彩,很容易激发他们的好奇心。因此,在以儿童为中心的展示中心,宜采用较为鲜艳的暖色调色彩,如果能结合具体的展示内容形成较强的色彩对比,则更能吸引儿童的注意力。

大部分青年人对不同色彩的象征意义有自己的理解,例如很多年轻人都觉得蓝色象征着科技,绿色象征着生命力等。虽然大多数中老年人认为冷色彩的运用不宜多,否则会有压抑感,但也有小部分老年人喜爱蓝色等冷色调色彩,他们觉得有轻松感。因此,在一些主题鲜明的展示区内,可以充分利用色彩的象征意义,帮助展品增加内容感。

人们在柔和的黄色光气氛下心情较为平和,在暖绿色光气氛下也不会有太大的心理情绪波动,而在自然光下,几乎所有年龄层的人都不会产生异常感觉,可以进行正常的活动。

除了老年人对环境视亮度要求较高外,其他年龄段的人要求适中,对于青少年儿童来说,只要满足最低安全需求就可以了。大部分青少年儿童都喜欢动态且富有色彩变换的灯光,但老年人的反应与青少年儿童有很大差异,他们更喜欢静态的灯光。

02

照明文化之历史

图 8–2　爱迪生

由古到今，在人类精神世界的联想中，光明都是表示生命和希望，黑暗都是表示死亡和毁灭。

不管科学和技术将会如何发展下去，对人类来说，光明和黑暗在每个人的心目当中，会作为心象风景而存在。如果没有了光和暗之分，人们的日常生活就难以想象了。因此，把自然现象的光与暗和心象风景的光与暗作为表里如一的现象表现出来，就可以认为是光文化。

从 1879 年爱迪生（图 8–2）发明白炽灯算起，电光源照明时代只有一百多年的历史。从长期延续下来的灯火时代到今天为止，期间人们对光的感受、认知和应用的演变过程，就是历史带给照明文化的沉淀。

天才爱迪生的发明，让人类越过几千年的火光灯具时代，在经历了最后几十年的煤气灯岁月后，一种更加稳定明亮的照明方式出现了，第一次闪亮在英国人点燃的电灯阵列里。在旧中国的黑夜里，巨大的光明照亮了花岗岩大厦、金属栅栏和碎石路面，煤气灯显得黯然失色，电灯比以往任何照具都更为明亮，它建立了与太阳抗衡的照明体系，散发出令人震惊的白昼气息。尽管它的"火焰"是静止而理性的，却可以在一个瞬间里同时大放光明，这种严密的可操纵性，正是现代城市秩序的表征，而瞬间的集体放光，急剧强化了光明的力度。

在油灯体系“统治城市”的时代，人们也曾经为这种不可思议的光源感到忧心忡忡。而感官对光明的渴望一旦获得解放，就变得势不可挡，到了清光绪三十年（1904 年），上海的电灯数量已经多达 88201 盏，遍及主要的商业街道和租界居民住宅。电灯彻底打开了通往夜生活的道路。（图 8–3）

夜生活就是城市生活的本质。它借此划定了城市与村社生活的界线。电灯建立起全新的照明体系，为夜生活提供最明亮的光线。城市照明自此走出了漫长的童年。

就其本性而言，夜生活跟昼生活是截然不同的。它的亮度有限，同时拥有更神秘的阴影和黑暗。光与影的对抗变得异乎寻常起来。这就是黑夜空间的属性；它被光与影分裂，形成尖锐的对比度。在抵抗黑暗的战争中，电灯在人的四周竖起了光的栅栏。黑夜仓皇地退缩了，在人的身后留下了巨大的阴影。阴影描述了光明的轮廓，为它下定义，光影是无法分离的，注定一起永生。

在国际交流异常发达的今天，如果我们到国外去访问，同样可以感觉到各个国家对光的感受性的差异。这也是历史带给照明文化的沉淀。（图 8–4）

图 8–3 上海百乐门

图 8–4 巴黎

03

照明文化之地域——东西方的照明文化

自古以来，在欧洲与亚洲，都是用夜间的黑暗表示死亡，用白天的光明表示生命，把昼和夜作为一对永远分不开且绝对矛盾的自然现象来考虑的。

光由于宗教或民族的不同而有所变化，每个宗教或民族对光的感觉也不一样。基督教和佛教在祈祷神佛时，要双手擎举蜡烛，但是，严禁崇拜偶像的伊斯兰教由于不赋予光以神秘性，所以在教堂里没有蜡烛光。在清真寺里只有起到照亮祈祷场所作用的光，有时伊斯兰教教堂的尖塔，还用蓝色的荧光灯装饰教堂。（图 8–5）

印度教的佛像是用色彩鲜艳的红绿色小球作为装饰，这在台湾也可以看到。在极端鲜艳色彩的佛像上装饰灯彩，即使是同样的佛教，却存在不同的感觉。（图 8–6）

蓝色的荧光灯和色彩鲜艳的装饰彩灯的光，是如何与神佛结合在一起的呢？只有在了解了人们心目中的光明与黑暗之后，宗教或民族性的差异与光的关系，才能成为有意义的课题。（图 8–7）

图 8–5 阿尔穆德纳大教堂

图 8–6 尼泊尔加德满都帕坦杜巴广场

图 8–7 马来西亚伊斯兰教堂

在使我们感觉室内顶棚明亮的伊斯坦布尔市场里有西欧式的光，而在顶棚黑暗、仅从侧面有光线进入室内的大马士革市场里，则更能表现出伊斯兰教的风格。（图 8–8、图 8–9）

大马士革饭店是用现代的照明方法，表现出伊斯兰教的光与影。门廊的顶棚，在白天有天窗采光的亮光照射，到了夜晚，就完全被黑暗笼罩着，大厅就变成了被水面光线照射的小水盘，摇摇晃晃地漂荡着的光，模模糊糊地照射着顶棚。

大马士革的尽头，在遮挡暑气的市场顶棚上打开的圆孔处，有强烈的太阳光进入室内。简直就像舞台上的聚光灯一样，用把自然光引入室内的方法，营造出了明暗反差很强烈的空间。这种方法，在传统的日本照明文化中是不存在的。而西班牙的阿尔罕布拉宫是通过大理石地面的反射，形成光和影的交织，就像日本铺草席的日式房间的采光方法一样，是使庭院的反射阳光透过推拉门窗，悄悄地进入室内，达到采光的目的。（图 8–10）

图 8–8　大马士革

图 8–9　大马士革

图 8–10　阿尔罕布拉宫

如果只是看商店、宾馆、餐厅等场所，并不会明显感觉到欧美和亚洲的照明差别。但是，如果从建筑物或城市的全部水准来看，就会发现照明设计在社会上的定位差别。在欧美各国，照明设计是建筑物和城市的可识别性表现之一，被认为是企业领导或市长做出决定的重要事项。但是，亚洲国家的最高级领导，有部分只能判断出是明亮还是黑暗。

在欧美国家，从十几年前就在提倡节能和充满良好气氛的、不均匀的、有重点的照明，然而，亚洲国家却是大部分不能摆脱“均匀”二字的。他们优先保证必要的亮度，使得从城市照明到住宅照明，都比欧美国家明亮了许多。

用灯伞等把光源遮盖起来，或安装防直射的遮光罩等，目的是防止灯光晃眼。

在基本光的选择上，欧美国家与亚洲国家不同。美国的办公楼采用柔和白色荧光灯（3500 K），住宅采用白炽灯（2800 K）；亚洲国家的办公楼采用白光（4200 K）、暖白光（3500 K）、冷白光（6500 K），如昼间白色荧光灯（5000 K），住宅采用白色荧光灯（4200 K），大量地使用全部是高色溢的光源。（图 8−11、图 8−12）

图 8−11

图 8−12

附录

Appendix

01

附录一

A. 常用灯具的外形规格

1. 卤钨灯外形规格

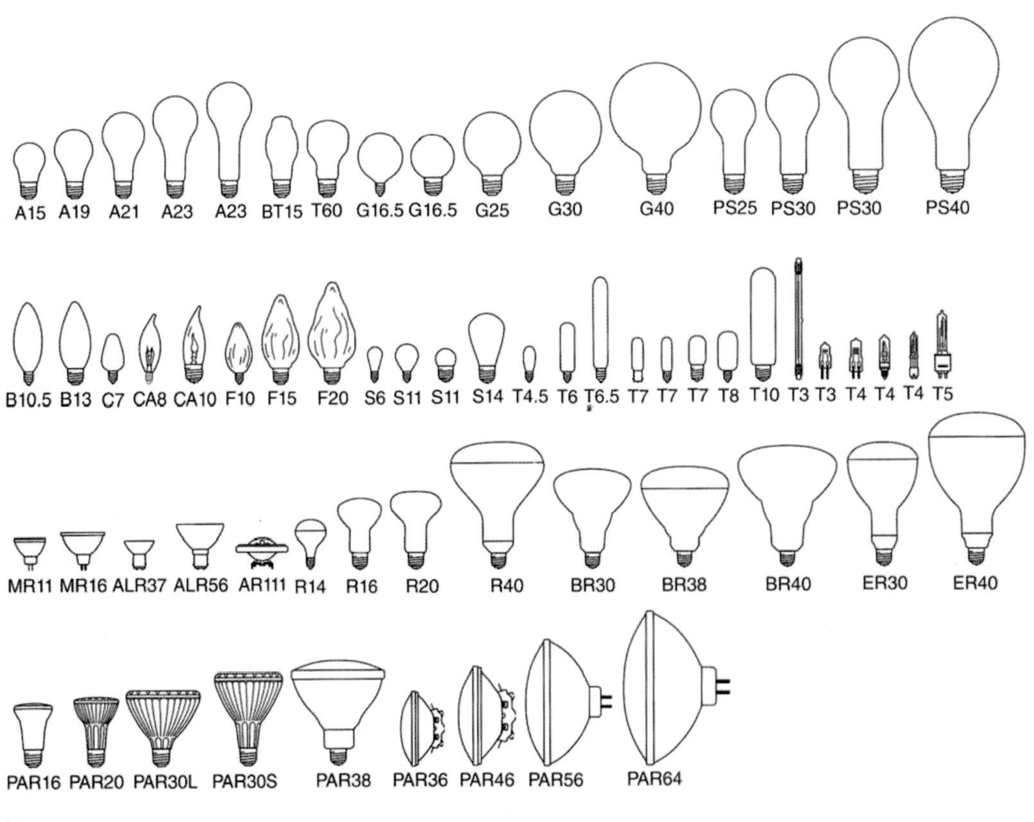

图 9−1

2. 荧光灯外形规格

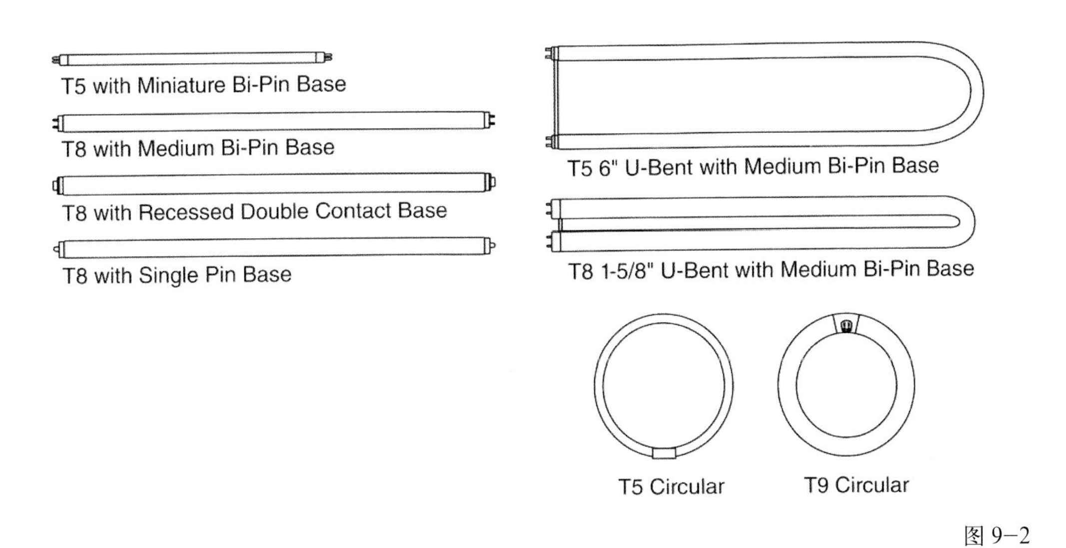

图 9–2

3. 高强气体放电灯外形规格

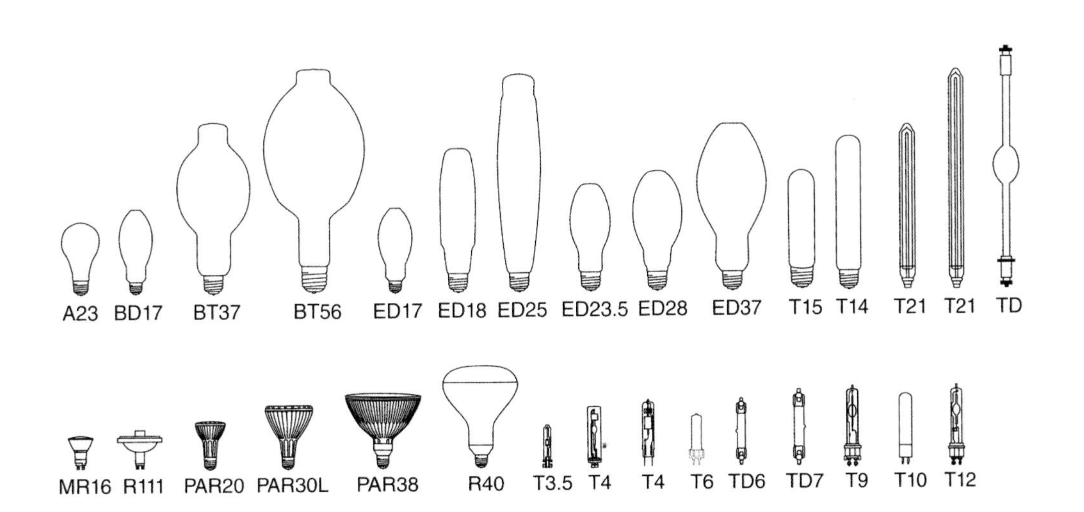

图 9–3

B. 灯具的底座

1. 白炽灯、卤钨灯底座

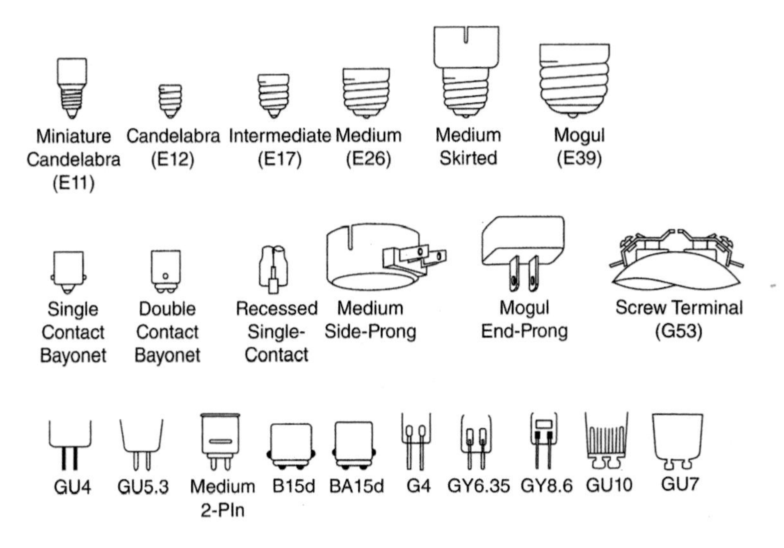

图 9–4

2. 紧凑型荧光灯底座

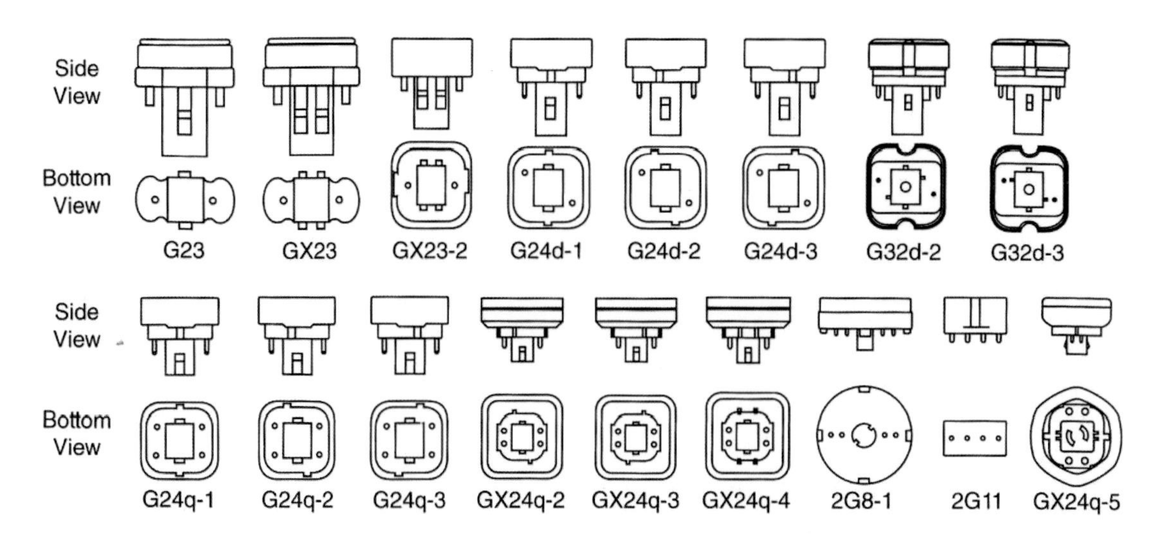

图 9–5

3. 荧光灯底座

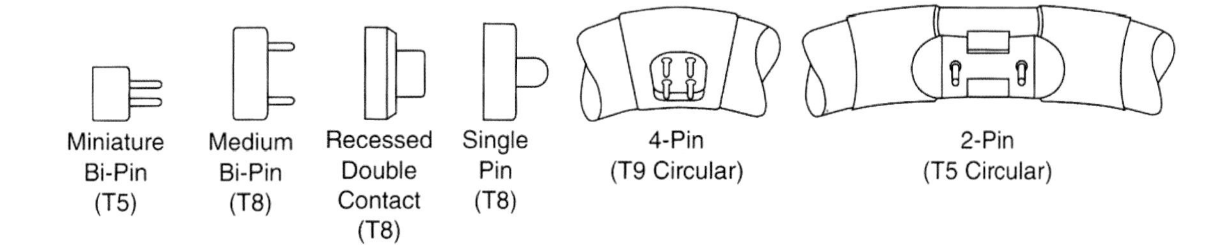

图 9–6

4. 高强气体放电灯底座

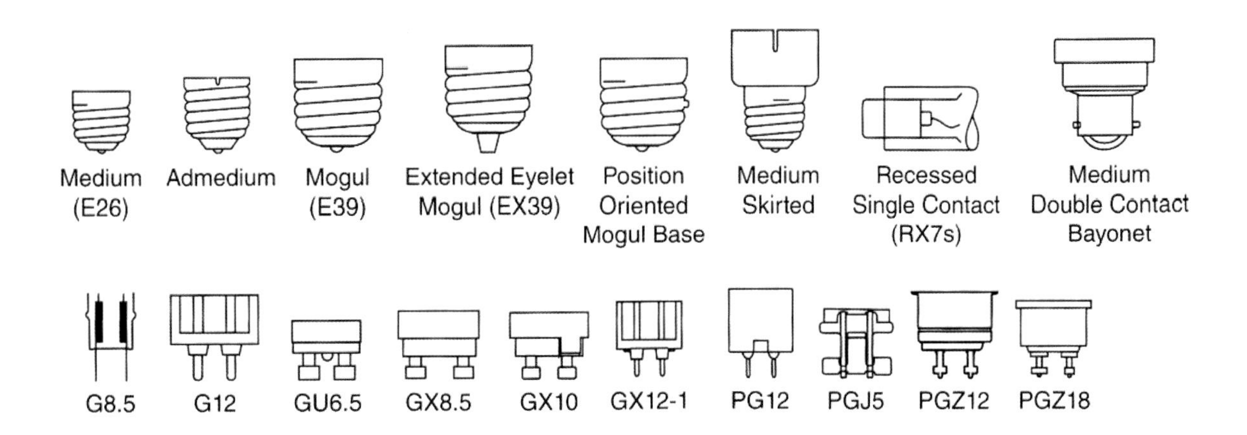

图 9–7

02
附录二

照明设计专业机构

1. Illuminating Engineering Society of North America (IES)
   www.ies.org

2. International Association of Lighting Designers (IALD)
   www.iald.org

3. Designers Lighting Forum of New York (DLF)
   www.dlfny.com

4. International Commission on Illumination (CIE)
   www.cie.co.at (international)
   www.cie-usnc.org (USA)

5. National Council on Qualifications for the Lighting Professions (NCQLP)
   www.ncqlp.org

6. International Dark-Sky Association (IDA)
   www.darksky.org

03

附录三

专业资料参考网站

1. ARCHITECTURAL LIGHTING(建筑照明)
   Archit Ectural Lighting Magazine
   www. archlighting.com
   Architectural SSL
   www.architecturalssl.com
   Leukos ,the journal of the iiiuminating engineering society
   http://ies.org/leukos/introduction.cfm
   Lighting design+application (LD+A)
   http://ies.org/ida/members_contact.cfm
   Mondo ARC
   www.mondoarc.com
   Professional lighting design
   www.via–velag.com

2. THEATRICAL LIGHTING(情景照明)
   Lighting&sound america
   www.lighting andsoundamerica.com
   Live design
   www.livedesignonline.com

3. ARCHTECTURE AND INTERIOR DESIGN(建筑和室内设计)
   Architect
   www.architectmagazine.com
   Architectural record
   www.architecturalrecord.com
   Building design constuction

www.bdcnetwork.com
Lcon
www.asid.org/icon
Visual merchandising and store design (VMSD)
www.vmsd.com

4. GREEN BUILDING (绿色建筑)
Eco-structure
www.ecobuildingpulse.com
Green building&design
www.gbdmagazine.com

5. LIGHTING (照明设备)
ERCO 欧科
www.erco.com
iGuzzini
www.iguzzini.com